内蒙古师范大学七十周年校庆
学术著作出版基金资助出版

图像矩不变量及其应用

平子良　姜永静　胡海涛　著

科学出版社

北　京

内 容 简 介

本书对图像矩不变量进行了理论阐述,介绍了经典的 Hu 的矩不变量;给出了几何矩及中心矩;简要论述了仿射变换矩不变量的推导;重点论述了平面图像的平移、比例、旋转以及密度畸变不变矩的生成、性质及计算方法;简要介绍了一种适用于弹性形变的固有不变量;列举了一些平面多畸变不变图像矩在图像分析、物体识别、图像检索、车辆跟踪和图像压缩等方面的应用.

本书可作为计算机视觉专业的本科生的教学用书,也可作为从事图像处理的科研和工程技术人员以及硕士、博士研究生等的学习参考材料.

图书在版编目(CIP)数据

图像矩不变量及其应用/平子良,姜永静,胡海涛著. —北京:科学出版社, 2022.6
ISBN 978-7-03-072456-4

Ⅰ. ①图… Ⅱ. ①平… ②姜… ③胡… Ⅲ. ①矩-不变量-研究 Ⅳ. ①O211

中国版本图书馆 CIP 数据核字(2022) 第 097652 号

责任编辑:周 涵 孙翠勤 / 责任校对:彭珍珍
责任印制:吴兆东 / 封面设计:无极书装

科学出版社 出版
北京东黄城根北街 16 号
邮政编码:100717
http://www.sciencep.com

北京虎彩文化传播有限公司印刷
科学出版社发行 各地新华书店经销
*
2022 年 6 月第 一 版 开本:720×1000 1/16
2024 年 4 月第四次印刷 印张:10 3/4
字数:215 000
定价:78.00 元
(如有印装质量问题,我社负责调换)

序

图像分析和描述是模式识别、计算机视觉以至人工智能的基础. 低阶图像矩作为图像的积分常被用来表征图像或图形的简单几何特性. 1962 年, Hu 用不变量代数推导出七个由图像矩组成的参数. 它们不随图像的平移、缩放和旋转而改变, 是高度浓缩的图像特征量. 1980 年, Teagure 提出泽尼克正交不变图像矩, 定义为图像在径向泽尼克多项式和圆周傅里叶核组成的基函数系上的分量. 这种正交变换允许选取有限个特征量来描述图像, 并可由部分图像重建估算其中的误差. 目前, Hu 的图像矩不变量以及泽尼克正交图像矩得到了广泛的应用. 以 1953 年诺贝尔物理学奖得主命名的泽尼克多项式一直是光学像差分析的主要工具.

可以证明 Hu 的矩不变量在极坐标中等于径向圆周矩的几个特定项, 其中径向幂函数核 r^n 的指数 $n = 3, 4$, 圆周谐波级次 $m = 0, 1, 2, 3$. 因此接近中心部分的图像函数在 Hu 的矩不变量中被给予很小的权重, 其中的信息被严重删除 (比如在 $0 \leqslant r \leqslant 0.5$ 区间, $r^3 \leqslant 0.125$, $r^4 \leqslant 0.0625$, 其中 $r \in [0, 1]$ 是归一化径向坐标). 泽尼克图像矩也存在类似的问题: 因为其中泽尼克多项式的阶次必须大于圆周谐波的级次 $n \geqslant |m|, |m| + 2, |m| + 4, \cdots$, 但是当图像描述要用到高级次圆周谐波, 例如, $|m| \geqslant 10$ 时, 对应的泽尼克多项式在 $0 \leqslant r \leqslant 0.2$ 区间内都为零, 无法用来分析这部分图像. 对光学像差来说, 因为大多数系统是轴对称的, 近轴像差也小, 这个问题不存在. 但用于图像处理, 泽尼克系数就有很大不足. 多年前, 我们推导出正交傅里叶–梅林矩, 其中径向梅林正交多项式的阶次独立于圆周谐波级次, 并采用最低的径向幂阶次. 因此, 对图像中间部分的描述明显优于泽尼克图像矩. 后来, 平子良又推出切比雪夫–傅里叶矩和雅可比–傅里叶矩, 后者是通用的正交不变图像矩. 前几个图像不变矩都可以表达为雅可比–傅里叶矩的特定项. 当然, 泽尼克矩对径向多项式阶次的限制是为了保证计算能在直角坐标系中进行. 新的图像不变矩定义在圆周极坐标系上, 但也有在直角坐标系中进行计算的方法.

我们课题组的研究成果得到国际同行的广泛关注, 被认为是 "图像不变矩理论的重大发展, 并为推导矩不变量提供了有力的平台". 事实上, 取消了对径向多项式阶次的限制, 各种不同的正交多项式都可以被用来组建新的图像不变矩, 甚至径向傅里叶谐波也被用来组建谐波傅里叶矩. 各国不同的作者对傅里叶–梅林矩、雅可比–傅里叶矩、径向谐波傅里叶矩等不变图像矩的数学理论, 计算速度、精度和稳定性, 它们在图像处理分析、重建、数字编码和加密, 以及多国文字、人脸和脚印等识别上的应用等进行过深入研究; 并推广到彩色图像和模糊图像矩. 几个改进型的不变图像矩也被陆续推出使用.

多年来, 平子良教授和他的团队在图像不变矩上做了许多创新性的工作. 他孜孜不倦的研究精神和出色的组织能力给我留下了深刻印象. 这本书对图像矩不变量的理论、计算和应用等各方面作了详细的阐述和讨论, 总结了他们的研究成果, 对从事图像处理、模式识别研究的读者具有很好的参考价值.

盛云龙

光学、光电子学和激光中心荣休教授

拉瓦尔大学, 加拿大

2022 年 6 月

前　言

　　图形/图像识别是人工智能的重要组成部分，是当前国际科学研究的热点之一．在图像的变换、传输和各种应用过程中，图像会发生各种畸变，获取图像的某种畸变不变量，在图像描述、处理、识别和分类、压缩和传输、计算机视觉中都是非常重要的技术基础．图像矩不变量就是图像的畸变不变特征之一，在图像处理的各个领域得到了广泛应用．

　　本书对图像矩不变量进行了全面的理论阐述和实验证明，系统论述了由于图像获取的不同方式所产生的透视变换畸变、仿射变换畸变、平面图像的平移、比例、旋转、密度畸变，以及某些弹性形变下的非线性畸变，讨论了描述各种畸变的图像矩不变量．

　　书中给出了不变量的概念，介绍了经典的 Hu 的矩不变量；给出了几何矩及中心矩的定义，中心几何矩是构造仿射变换不变量函数的基本构成元素；提出用复数矩构造任意阶的不变量的一般方法．

　　仿射变换矩不变量是很重要的图像矩不变量，从代数不变量理论出发，推导出不变量与图像矩的关系．书中介绍了推导仿射不变量的方法：主要介绍图论方法和解凯莱–阿让德方程获得仿射不变量的方法，并将凯莱–阿让德方程法推广到彩色和三维仿射变换不变量的推导．

　　正交多畸变不变图像矩是应用广泛的图像矩不变量．书中分别介绍了直角坐标系下的图像矩不变量和极坐标下单位圆盘中的矩不变量；探讨了直角坐标系下切比雪夫矩、雅可比矩及泽尼克矩等，这种图像矩具有缩放不变性，不具有旋转不变性；探讨了极坐标下单位圆中平移、缩放、旋转和密度多畸变不变矩，将这种图像矩分为两类，一类是以径向正交多项式和角向复指数因子构成基函数的矩，另一类是以径向圆谐函数和角向复指数因子组成基函数的圆谐–傅里叶矩和复指数矩；论证了在极坐标下这类图像矩的平移、缩放、旋转和密度多畸变不变性，给出实验验证，分析比较了各种矩的图像描述性能．

　　书中探讨了极坐标系下的正交多畸变不变矩的计算问题，讨论了三种计算方法：直接在直角坐标系下正交多畸变不变矩计算；基于基函数的对称反对称性，计算极坐标系中的正交多畸变不变矩方法和采用快速傅里叶变换算法计算复指数矩，以提高复指数矩的计算精度和效率．讨论了各种算法的原理、步骤、效率和精度．

　　书中介绍了一种适用于弹性形变的固有不变量, 通过检测两个图像之间的相似性, 用可允许的畸变表征这两个图像. 对于多种图像形变不存在传统的不变量, 但可以用固有不变量来表征被识别图像的特征. 对于空间坐标的多项式畸变, 提出固有不变量, 并且证明它们在人造的和实际的图像识别中的性能.

　　在讨论了各种图像矩不变量定义、性质及计算方法的基础上, 书中列举了 8 项在图像分析和识别中的应用, 以论证矩和矩不变量在图像登录、物体识别、医学成像、面向内容的图像检索、车辆跟踪和车牌识别等方面的应用. 图像矩作为一种图像的基本特征, 可以应用于图像处理的许多领域, 本书中列举的一些应用限于作者研究团队所做的探索.

作　者

2021 年 10 月

目　　录

第 1 章　矩不变量导论

1.1　研究图像矩不变量的目的、动机

日常生活中, 我们经常会接收、分析、处理大量各种类型的信息, 95% 以上的信息是基于光学的图像信息. 图像能够表示复杂场景, 并且能够进行紧凑而有效的处理. 因此, 图像不仅用于获取信息, 也可以用于人际交流以及人机对话.

普通的数字图像包含着大量信息. 一幅图像中所包含的信息, 要用十几甚至几十页文本来描述. 人们对图像分析有巨大需求.

在机器人视觉、遥感、天文和医学等许多实际应用领域, 对成像系统获取的图像进行分析和解释, 是一个关键问题. 成像系统和成像条件通常并不完美, 因此所获得的图像实际上是真实场景的退化版本. 各种因素造成图像质量的退化 (几何的、灰度的、颜色的等等), 比如在成像过程中的几何畸变 (图 1.1)、透镜像差 (图 1.2)、场景的运动、系统的和随机的传感器的误差等等.

图 1.1　倾斜视角产生的透视畸变　　　　图 1.2　照相机离焦造成的模糊

一般来说, 理想图像 $f(x,y)$ 和实际获取的图像 $g(x,y)$ 之间可以描述成 $g = \mathcal{D}(f)$, $\mathcal{D}$ 是退化操作符. $\mathcal{D}$ 可以分解为辐射操作符 $\mathcal{R}$ 和几何操作符 $\mathcal{G}$. 在实际成像系统中, $\mathcal{R}$ 能够模化成空变和空不变附加噪声系统, 而 $\mathcal{G}$ 一般是空间坐标变换 (比如透视投影). 实际上, 两个操作符都是未知的, 或带有未知参数的模型. 我们的目的是通过分析感知的图像和预知的退化信息, 获得理想图像.

图像处理通常由三个阶段组成: 第一, 图像预处理, 分割重要的感兴趣的物体; 第二, 识别分割出来的物体, 即用数学模型来描述物体, 从数据库中识别出某一类特定的物体; 第三, 分析各个物体之间的空间关系. 在这三个阶段, 获取图像的某种不变特征并由这些特征描述图像, 无疑是十分重要的.

1.2　什么是不变量

物体识别有三种方法：原始方法、图像归一化方法、图像不变量特征方法．原始方法搜索退化图像的各种可能的参数空间，不仅包括各类图像训练集本身，还要包括畸变图像，如旋转、比例和模糊等版本的图像参数空间，这是非常费时的，实际上是不可能的．

图像归一化方法，需要在图像分类前，先将它们转换成一个标准状态．这是一个很有效的方法，但归一化方法需要求解所谓病态条件或病态问题，比如模糊图像的归一化意味着盲解卷积问题[1]，而畸变图像的归一化需要图像登录到一些参考模型[2]．

不变量特征方法似乎是最有前途、应用最广泛的方法．基本想法是应用一套叫做**不变量**的可测物理量来描述物体．不变量对物体的畸变不敏感，对不同类型的物体具有足够的识别能力．从数学观点来看，不变量 I 是一个图像的空间的函数，它的值在图像所有畸变中保持不变，即 $I(f) = I(\mathcal{D}(f))$，这个条件叫不变性．实际上，为了适应图像分割的不完美、类内变化和噪声，我们通常把这个条件弱化，只要 $I(\mathcal{D}(f))$ 不显著不同于 $I(f)$ 即可．不变量 I 的另外一个重要性质是它的识别能力，属于不同类的物体 I 的值应该显著不同．显然，这两个要求是相互矛盾的．不变性越广，则识别力越弱，反之亦然．在不变性和识别力之间选择一个适当的折中，是基于不变量的图像识别的重要任务 (见图 1.3)．

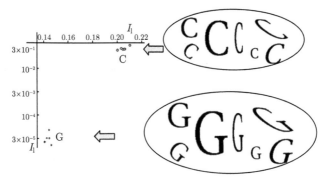

图 1.3　具有两个类的特征空间

近似理想的例子[17]，每一类形成一个紧的聚类 (特征不变)，聚类很好地分开 (特征是可区分的)

1.3　不变量分类

可以以不同观点对不变量进行分类．最直接的方法是按照不变量的类型进行分类，区分为平移、旋转、比例、仿射、投影、弹性几何不变量以及线性对比度拉伸、非线性密度畸变和卷积的辐射不变量.

按照所使用的数学工具不同, 不变量有以下类型.

- 简单的形状描述符: 紧缩的、凸的、拉升的等[3].
- 变换系数特征: 由图像的各种变换产生的特征, 傅里叶变换描述符[4,5]、阿达玛 (Hadamard) 描述符、拉东 (Radon) 变换系数、小波基特征[6,7] 等等.
- 点集不变量: 使用主点位置[8-11].
- 微分不变量: 采用物体边缘的微分[12-16].
- 矩不变量: 图像矩的特殊函数.

按照物体的哪一部分用于计算不变量, 可以分为以下类型:

- 全局不变量: 由图像整体生成 (包括未进行图像分割的背景). 这种不变量包括图像在某种基函数上的投影, 由积分计算. 与局域不变量比较, 全局不变量对噪声以及不精确的边缘检测等更加稳定. 全局不变量的重要缺点是图像的局部变化影响整个不变量的值, 只有少数分量是非局域化的. 当被研究的物体被另外的物体部分遮挡, 或者物体有一部分不在视场时, 不能使用全局不变量. **矩不变量**就是这种不变量.
- 局域不变量: 与全局不变量不同, 局域不变量是由某个主点的一定邻域计算的, 微分不变量是这种不变量的典型形式. 首先检测物体的边界, 然后计算边界的微分, 获得不变量. 这种不变量只由边界的形状决定, 如果物体的其他部分发生了变化, 局域不变量是不变的. 全局不变量对于离散误差、分割精度和噪声是特别敏感的, 当物体被部分遮挡, 采用局域不变量进行识别, 是很优越的. 实际上, 使用局域不变量是有困难的.
- 半局域不变量: 希望保持以上两种不变量的优点而避免其缺点. 将物体分成一些稳定的部分 (经常是基于突变点或者边界的凸点), 然后用某种全局不变量分别描述不同的部分. 整个物体由不变量组成的向量串表征, 识别物体被遮挡部分由最大的匹配串决定[17-23].

本书聚焦于图像矩和矩不变量. 在 19 世纪, 第一台计算机出现很多年之前, 在群论和代数中就提出了不变量的框架. 代数不变量由著名的德国数学家 D. Hilbert[24] 进行了彻底的研究, 20 世纪, 其他学者进一步发展了不变量理论[25,26].

1962 年, M. K. Hu 首先将矩不变量引入模式识别和图像处理中, 在文献 [27] 中, 他采用代数不变量理论, 推导出了 7 个二维图像旋转不变量. 自此以后, 成百上千的论文对图像不变量进行了改进、扩展和推广, 并且应用于许多实际领域. 矩不变量成为最重要的和最经常使用的图像描述子. 虽然它们受到一些本质的限制 (最重要的是由于全局性, 妨碍它应用于遮挡物体的识别). 它经常被当作首选的描述符, 用于评价其他描述符 (也称描述子) 的性能. 尽管研究者们发表了大量的论文, 但仍有许多问题需要解决.

1.4　什么是矩

矩是标量, 用于表征函数并获取它的重要特征, 已经使用过几百年, 在统计学中描述概率密度, 在固体力学中描述物体的质量分布. 从数学的观点看, 矩是函数在多项式基上的投影 (类似地, 傅里叶变换是函数在圆谐函数系上的投影). 为清楚起见, 引入一些基本术语和命题, 以后会在全书中使用. 在以后的所有论述中, 各种**不变量**都是由几何矩和复数矩组成的, 我们在这里先给出几何矩和复数矩的定义.

定义 1.1　紧致实空间 $D \subset \mathbf{R} \times \mathbf{R}$ 内定义分段连续二元函数 $f(x, y)$ 为图像函数 (图像). $f(x, y)$ 是有限的、非零可积的.

图像 $f(x, y)$ 的**矩** $M_{pq}^{(f)}$ 定义为

$$M_{pq}^{(f)} = \iint_D P_{pq} f(x, y) \, \mathrm{d}x\mathrm{d}y \tag{1.1}$$

此处 $P_{00}(x, y), P_{01}(x, y), \cdots, P_{kj}(x, y)$ 是在 D 内定义的基函数, $P_{kj}(x, y)$ 可以是任意函数, 比如指数函数、多项式函数等, p, q 是非零整数, $r = p + q$ 为矩的阶.

1.4.1　几何矩

如果选择指数函数作为基函数 $P_{kj}(x, y) = x^k y^j$, 则图像 $f(x, y)$ 的几何矩 (geometric moment) m_{pq} 定义为

$$m_{pq} = \int_{-\infty}^{\infty} \int_{-\infty}^{\infty} x^p y^q f(x, y) \, \mathrm{d}x\mathrm{d}y \tag{1.2}$$

低阶几何矩有确定的意义: $m_{00} = \iint_{-\infty}^{\infty} f(x, y) \, \mathrm{d}x\mathrm{d}y$ 是图像质量 (对二值图像是图像面积), $\bar{x} = m_{10}/m_{00}$ 和 $\bar{y} = m_{01}/m_{00}$ 定义重心或图像中心. 二阶矩 m_{20} 和 m_{02} 描述图像对于坐标轴的质量分布, 在力学中称为惯性矩. 在力学术语中可以用以下符号 $\sqrt{m_{20}/m_{00}}$ 和 $\sqrt{m_{02}/m_{00}}$ 表示回转半径.

如果图像被当作概率密度函数 (pdf)(图像值被归一化为 $m_{00} = 1$), 那么 m_{10} 和 m_{01} 就是平均值. 在零平均情况下, m_{20} 和 m_{02} 是水平方差和垂直方差, m_{11} 是它们之间的协方差. 这样, 二阶矩确定图像的方向. 后面将会看到二阶矩可用作图像的归一化位置. 在统计学方面, 两个高阶矩特征一般作为偏斜和峰值. 定义 $m_{30}/\sqrt{m_{20}^3}$ 为水平投影的偏斜, $m_{03}/\sqrt{m_{02}^3}$ 为垂直投影的偏斜. 用偏斜测量投影相对于对称位置的偏离程度. 如果对于平均位置投影是对称的, 则相应偏斜等于 0. 峰值确定概率密度函数的峰值, 分别由水平投影峰值 m_{40}/m_{20}^2 和垂直投影

峰值 m_{04}/m_{02}^2 决定. 在下列意义下由几何矩表征的图像特征是正交的: 对于任意图像函数, 各阶几何矩存在并且有限, 图像可以由它的矩精确重建 (这就是唯一性定理).

矩在统计学中反映随机变量的分布情况, 在力学中被用来表示物体的质量, 如果将图像函数 $f(x,y)$ 看作是密度分布函数, 那么图像矩就可以作为图像特征应用于图像分析中. 常用零阶矩表示图像的 "质量": $m_{00} = \iint_{-\infty}^{\infty} f(x,y)\,\mathrm{d}x\mathrm{d}y$, 一阶矩用于表示图像的质心 $(\bar{x}, \bar{y})$:

$$\bar{x} = m_{10}/m_{00}, \quad \bar{y} = m_{01}/m_{00}$$

若将图像的坐标原点移至质心 $(\bar{x}, \bar{y})$ 处, 就得到对于图像的位移不变的中心几何矩.

1.4.2 中心矩及归一化的中心矩

将函数 $f(x,y)$ 的坐标原点移至质心处, 就得到了图像函数 $f(x,y)$ 的中心矩 (central moment) μ_{pq}:

$$\mu_{pq} = \int_{-\infty}^{\infty} \int_{-\infty}^{\infty} (x-\bar{x})^p (y-\bar{y})^q f(x,y)\,\mathrm{d}x\mathrm{d}y, \quad p,q = 0,1,2,\cdots \tag{1.3}$$

归一化的中心矩由 η_{pq} 表示:

$$\eta_{pq} = \frac{\mu_{pq}}{\mu_{00}^\gamma} \tag{1.4}$$

其中

$$\gamma = \frac{p+q}{2} + 1 \tag{1.5}$$

1.4.3 Hu 的七个矩不变量

由 1.4.2 节的二阶和三阶归一化的中心矩可以得出 Hu 的七个矩不变量:

$$\phi_1 = \eta_{20} + \eta_{02}$$

$$\phi_2 = (\eta_{20} - \eta_{02})^2 + 4\eta_{11}^2$$

$$\phi_3 = (\eta_{30} - 3\eta_{12})^2 + (3\eta_{21} - \eta_{03})^2$$

$$\phi_4 = (\eta_{30} + \eta_{12})^2 + (\eta_{21} + \eta_{03})^2$$

$$\phi_5 = (\eta_{30} - 3\eta_{12})(\eta_{30} + \eta_{12})[(\eta_{30} + \eta_{12})^2 - 3(\eta_{21} + \eta_{03})^2]$$
$$+ (3\eta_{21} - \eta_{03})(\eta_{21} + \eta_{03})[3(\eta_{30} + \eta_{12})^2 - (\eta_{21} + \eta_{03})^2]$$
$$\phi_6 = (\eta_{20} - \eta_{02})[(\eta_{30} + \eta_{12})^2 - (\eta_{21} + \eta_{03})^2]$$
$$+ 4\eta_{11}(\eta_{30} + \eta_{12})(\eta_{21} + \eta_{03})(\eta_{21} + \eta_{03})$$
$$\phi_7 = (3\eta_{21} - \eta_{03})(\eta_{30} + \eta_{12})[(\eta_{30} + \eta_{12})^2 - 3(\eta_{21} + \eta_{03})^2]$$
$$- (\eta_{30} - 3\eta_{12})(\eta_{21} + \eta_{03})[3(\eta_{30} + \eta_{12})^2 - (\eta_{21} + \eta_{03})^2] \tag{1.6}$$

Hu 将这七个矩不变量用于字母图像的识别中, 这七个矩不变量对于图像的平移、缩放和旋转具有不变性.

1.4.4　复数矩

函数 $f(x,y)$ 的 $(p+q)$ 阶复数矩 (complex moment) 的定义为

$$C_{pq} = \int_{-\infty}^{\infty} \int_{-\infty}^{\infty} (x + iy)^p (x - iy)^q f(x,y)\,\mathrm{d}x\mathrm{d}y \tag{1.7}$$

其中 $p, q = 0, 1, 2, \cdots, \infty$. 在极坐标下, $(p+q)$ 阶复数矩可以写为

$$C_{pq} = \int_0^{2\pi} \int_0^{\infty} r^{p+q} \mathrm{e}^{i(p-q)\theta} f(r\cos\theta, r\sin\theta) r\mathrm{d}r\mathrm{d}\theta \tag{1.8}$$

$P_{kj}(x,y) = (x + iy)^k (x - iy)^j$, i 是虚数单位, 这样产生**复数矩**:

$$C_{pq} = \int_{-\infty}^{\infty} \int_{-\infty}^{\infty} (x + iy)^p (x - iy)^q f(x,y)\,\mathrm{d}x\mathrm{d}y \tag{1.9}$$

几何矩和复数矩具有同样的信息量. 每个复数矩都能够表示成几项同阶的几何矩的和, 即

$$C_{pq} = \sum_{k=0}^{p} \sum_{j=0}^{q} \binom{p}{k} \binom{q}{j} (-1)^{q-j} i^{p+q-k-j} m_{k+j,p+q-k-j} \tag{1.10}$$

反过来有

$$m_{pq} = \frac{1}{2^{p+q}} \sum_{k=0}^{p} \sum_{j=0}^{q} \binom{p}{k} \binom{q}{j} (-1)^{q-j} C_{k+j,p+q-k-j} \tag{1.11}$$

引入复数矩是因为它在图像旋转时性状很好. 当构造旋转不变量时能够很好地采用这一性质.

1.4.5 旋转矩

在极坐标系中, 函数 $f(r,\theta)$ 的 (n,l) 阶旋转矩 (rotation moment) 定义为

$$D_{nl} = \int_0^{2\pi} \int_0^{\infty} r^n \mathrm{e}^{-\mathrm{i}l\theta} f(r\cos\theta, r\sin\theta) r \mathrm{d}r\mathrm{d}\theta \tag{1.12}$$

其中, $n = 0, 1, 2, \cdots, \infty, l$ 取正整数或者负整数.

1.4.6 正交矩

如果基函数是正交的, 即基函数满足正交条件:

$$\iint_\Omega p_{pq}(x,y) p_{mn}(x,y)\,\mathrm{d}x\mathrm{d}y = 0 \tag{1.13}$$

或者加权正交:

$$\iint_\Omega w(x,y) p_{pq}(x,y) p_{mn}(x,y)\,\mathrm{d}x\mathrm{d}y = 0 \tag{1.14}$$

对于任意 $p \neq m, q \neq n$ 都成立, 则称为正交矩 (orthogonal moment, OG), Ω 是正交域. 可以证明几何矩是非正交矩. 在理论上, 同级的所有多项式基是等价的, 因为它们生成同样的函数空间. 某一确定基函数的任意矩可以表示成另外的基函数的矩, 从这点出发, 任何正交矩等价于几何矩. 然而, 当在离散域中考虑稳定性和计算问题时, 有一个重要的不同. 标准指数几乎既决定于低阶指数也决定于高阶指数, 而且随着指数的增加而迅速增加. 这就导致相关的几何矩需要高的计算精度. 使用低精度的计算产生不可靠的几何矩计算. 正交矩可以获取图像特征的改善和非冗余性. 因为我们能够用循环关系计算正交矩, 而不需要表示成标准实数, 计算精度可以较低. 与几何矩不同, 正交矩是线性代数中一般意义下多项式基的坐标. 因此图像很容易由正交矩重建:

$$f(x,y) = \sum_{k,j} M_{kj} \cdot p_{kj}(x,y) \tag{1.15}$$

因为仅使用一套有限的矩, 使均方差最小, 这种重建是优化的. 此外, 使用几何矩重建图像是不可能直接在空域中实现的, 需要在傅里叶变换域中使用傅里叶变换的泰勒级数的系数才能实现.

$$F(u,v) = \sum_p \sum_q \frac{(-2\pi\mathrm{i})^{p+q}}{p!q!} m_{pq} u^p v^q \tag{1.16}$$

(为证明上式, 将核函数变成傅里叶变换因子 $\mathrm{e}^{-2\pi\mathrm{i}(ux+vy)}$). 图像函数 $f(x,y)$ 可以用傅里叶反变换实现.

1.5　本书结构

本书涉及二维、三维物体的矩和矩不变量, 以及它们在图像描述、识别和其他方面的应用.

这一章中, 首先介绍矩和图像矩不变量的概念, 给出几何矩及中心几何矩的定义. 中心几何矩是构造仿射变换不变量函数的基本构成元素. 复习经典的 Hu 的矩不变量, 然后提出用复数矩构造任意阶的不变量的一般方法. 我们将证明存在相对少的不变量的基是完整地独立的.

第 2 章, 介绍有关仿射变换的矩不变量, 提出推导仿射不变量的方法: 主要介绍图论法和由解凯莱–阿让德方程得到的仿射不变量, 以及它们之间的相互关系, 描述消除冗余和相关性的技术, 最后简单介绍彩色和三维仿射变换不变量的推导.

第 3 章, 研究各种正交图像矩. 分成两种, 第一种是直角坐标系中的图像矩不变量, 第二种是在极坐标下单位圆盘中的矩不变量. 我们将探讨在直角坐标系下的勒让德矩、切比雪夫矩、葛根堡矩、雅可比矩、拉盖尔矩、克劳丘克矩、泽尼克矩等. 这种矩具有缩放不变性, 不具有旋转不变性. 我们将探讨在极坐标下单位圆中的平移、缩放、旋转和密度多畸变不变矩, 将这种图像矩分为两类, 一类是以径向正交多项式和角向复指数因子构成基函数的傅里叶–梅林矩、切比雪夫–傅里叶矩、泽尼克矩、雅可比–傅里叶矩等, 并将这类图像矩归类为雅可比–傅里叶矩; 另外一类是以径向圆谐函数和角向复指数因子组成基函数的圆谐–傅里叶矩和复指数矩. 对这些图像矩, 我们给出了平移、缩放、旋转和密度多畸变不变的论证, 重点介绍由雅可比–傅里叶矩和复指数矩重建图像的实验. 通过比较重建图像的质量和分析图像重建误差来比较各种矩的图像描述性能.

第 4 章, 探讨极坐标系下的正交多畸变不变矩的计算问题. 由于所有矩不变量的计算复杂度是由矩计算的复杂度决定的, 因此矩的计算对于算法的效率很重要. 我们讨论了三种计算方法. 第一种方法是直接在直角坐标系中计算正交多畸变不变矩. 数字图像一般是表示在直角坐标系中的数组, 要在极坐标系中计算正交多畸变不变矩, 就会造成转换误差, 影响计算精度, 为了提高计算精度和算法速度, 提出了直接在直角坐标系中计算正交多畸变不变矩的算法. 第二种方法是基于基函数的对称反对称性质, 只计算极坐标系中的八分之一区域, 以实现全部矩的计算, 极大地减少计算量, 提高了算法效率. 第三种方法是采用快速傅里叶变换算法计算复指数矩, 提高复指数矩的计算精度和效率. 本章给出各种算法的原理、算法步骤、算法效率和精度的分析.

第 5 章介绍一个新的所谓弹性固有不变量. 固有不变量检测两个图像之间的相似性, 这两个图像由可允许的畸变表征. 对于多种图像的形变不存在传统的不变量, 但固有不变量可以用作图像识别的特征. 对于空间坐标的多项式畸变, 本章提出固有不变量, 并且证明它们在人造的和实际的图像识别中的性能.

第 6 章在图像分析中应用矩和矩不变量, 证明矩和矩不变量在图像登录、物体识别、医学成像、面向内容的图像检索、车辆跟踪和车牌识别等方面的应用. 图像矩作为一种图像的基本特征, 可以应用于图像处理的许多领域, 在本章列举的一些应用限于作者研究团队所做的探索.

参 考 文 献

[1] Kundur D, Hatzinakos D. Blind image deconvolution. IEEE Signal Processing Magazine, 1996, 13, (3): 43-64.

[2] Zitová B, Flusser J. Image registration methods: A survey. Image and Vision Computing, 2003, 21(11): 977-1000.

[3] Šonka M, Hlaváč V, Boyle R. Image Processing, Analysis and Machine Vision. 3rd ed. Toronto: Thomson, 2007.

[4] Lin C C, Chellapa R. Classification of partial 2-D shapes using Fourier descriptors. IEEE Transactions on Pattern Analysis and Machine Intelligence, 1987, 9(5): 686-690.

[5] Arbter K, Snyder W E, Burkhardt H, et al. Application of affine invariant Fourier descriptors to recognition of 3-D objects. IEEE Transactions Pattern Analysis and Machine Intelligence, 1990, 12(7): 640-647.

[6] Tieng Q M, Boles W W. An application of wavelet-based affine-invariant representation. Pattern Recognition Letters, 1995, 16(12): 1287-1296.

[7] Khalil M, Bayeoumi M. A dyadic wavelet affine invariant function for 2D shape recognition. IEEE Transactions on Pattern Analysis and Machine Intelligence, 2001, 23(10): 1152-1163.

[8] Mundy J L, Zisserman A. Geometric Invariance in Computer Vision. Cambridge, Massachusetts: MIT Press, 1992.

[9] Suk T, Flusser J. Vertex-based features for recognition of projectively deformed polygons. Pattern Recognition, 1996, 29(3): 361-367.

[10] Lenz R, Meer P. Point configuration invariants under simultaneous projective and permutation transformations. Pattern Recognition, 1994, 27(11): 1523-1532.

[11] Rao N S V, Wu W, Glover C W. Algorithms for recognizing planar polygonal configurations using perspective images. IEEE Transactions on Robotics and Automation. 1992, 8(4): 480-486.

[12] Wilczynski E. Projective Differential Geometry of Curves and Ruled Surfaces. Leipzig: B. G. Teubner, 1906.

[13] Weiss I. Projective invariants of shapes. Proceedings of Computer Vision and Pattern Recognition CVPR'88 (Ann Arbor, Michigan): 1125-1134, IEEE Computer Society, 1988.

[14] Rothwell C A, Zisserman A, Forsyth D A, et al. Canonical frames for planar object recognition. Proceedings of the Second European Conference on Computer Vision ECCV'92 (St. Margherita, Italy), LNCS, 1992, 588, 757-772, Springer. Introduction to Moments 11.

[15] Weiss I. Differential invariants without derivatives. Proceedings of the Eleventh International Conference on Pattern Recognition ICPR'92 (Hague, The Netherlands), 394-398, IEEE Computer Society, 1992.

[16] Mokhtarian F, Abbasi S. Shape similarity retrieval under affine transforms. Pattern Recognition, 2002, 35(1): 31-41.

[17] Ibrahim Ali W S, Cohen F S. Registering coronal histological 2-D sections of a rat brain with coronal sections of a 3-D brain atlas using geometric curve invariants and B-spline representation. IEEE Transactions on Medical Imaging, 1998, 17(6): 957-966.

[18] Yang Z, Cohen F. Image registration and object recognition using affine invariants and convex hulls. IEEE Transactions on Image Processing, 1999, 8(7): 934-946.

[19] Flusser J. Affine invariants of convex polygons. IEEE Transactions on Image Processing, 2002, 11(9): 1117-1118.

[20] Rothwell C A, Zisserman A, Forsyth D A, et al. Fast recognition using algebraic invariants. //Mundy J L, Zisserman A, eds. Geometric Invariance in Computer Vision. Cambridge, MA: MIT Press, 1992: 398-407.

[21] Lamdan Y, Schwartz J, Wolfson H. Object recognition by affine invariant matching. in Proceedings of Computer Vision and Pattern Recognition CVPR'88 (Ann Arbor, Michigan), 335-344, IEEE Computer Society, 1988.

[22] Krolupper F, Flusser J. Polygonal shape description for recognition of partially occluded objects. Pattern Recognition Letters, 2007, 28(9): 1002-1011.

[23] Horáček O, Kamenický J, Flusser J. Recognition of partially occluded and deformed binary objects. Pattern Recognition Letters, 2008, 29(3): 360-369.

[24] Hilbert D. Theory of Algebraic Invariants. Cambridge: Cambridge University Press, 1993.

[25] Gurevich G B. Foundations of the Theory of Algebraic Invariants. Groningen, The Netherlands: Nordhoff, 1964.

[26] Schur I. Vorlesungen über Invariantentheorie. Berlin: Springer (in German), 1968.

[27] Hu M K. Visual pattern recognition by moment invariants. IRE Transactions on Information Theory, 1962, 8(2): 179-187.

第 2 章　仿射变换矩不变量

2.1　绪　　论

本章研究仿射变换矩不变量 (Affine Moment Invariant, AMI), 它在矩的基础理论中起着非常重要的作用. 在空间坐标的仿射变换中, 仿射变换矩不变量是不变的. 我们将解释仿射变换矩不变量在图像分析中的重要性, 并且提出基于求解凯莱–阿让德 (Cayley–Aronhold) 方程的仿射变换矩不变量的推导方法; 给出由图论法推导仿射变换矩不变量的方法. 本章参考了文献 [17] 的第 4 章.

2.1.1　三维物体的投影成像

大多数实际情况下, 图像是在三维环境下产生的. 因为成像是在二维介质上实现的, 三维物体或结构是由它们在平面上的投影表示的. 这样, 我们经常会遇到平移–旋转–比例畸变的模型 (图 2.1).

图 2.1　由于视轴不垂直于场景而产生的三维场景的投影畸变, 正方形畸变成平行四边形

当针孔照相机的光轴并不垂直于场景时, 所成的像就是投影变换 (有时叫透视投影).

$$x' = \frac{a_0 + a_1 x + a_2 y}{1 + c_1 x + c_2 y}$$

$$y' = \frac{b_0 + b_1 x + b_2 y}{1 + c_1 x + c_2 y} \tag{2.1}$$

其中坐标 x, y 是场景坐标, 坐标 x', y' 是图像坐标.

投影变换的雅可比行列式

$$J = \frac{(a_1 b_2 - a_2 b_1) + (a_2 b_0 - a_0 b_2) + (a_0 b_1 - a_1 b_0) c_2}{(1 + c_1 x + c_2 y)^3} = \frac{\begin{vmatrix} a_0 & a_1 & a_2 \\ b_0 & b_1 & b_2 \\ 1 & c_1 & c_2 \end{vmatrix}}{(1 + c_1 x + c_2 y)^3} \quad (2.2)$$

投影变换不是线性变换, 但显示一定的线性. 它把一个正方形变换成一个四边形 (图 2.2), 保持直线不变, 但可能将正方形变换成任意四边形.

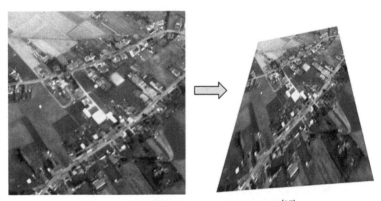

图 2.2　投影变换将正方形变成四边形[17]

如果将投影变换分解成以下 8 个单参数变换:

水平和垂直平移: (a) $\begin{cases} x' = x + \alpha, \\ y' = y; \end{cases}$　(b) $\begin{cases} x' = x \\ y' = y + \beta \end{cases}$

比例畸变和拉伸: (c) $\begin{cases} x' = \omega x, \\ y' = \omega y; \end{cases}$　(d) $\begin{cases} x' = \gamma x \\ y' = \dfrac{1}{\gamma} y \end{cases}$

水平和垂直偏斜: (e) $\begin{cases} x' = x + t_1 y, \\ y' = y; \end{cases}$　(f) $\begin{cases} x' = x \\ y' = t_2 x + y \end{cases}$

水平和垂直纯投影: (g) $\begin{cases} x' = x/(1 + c_1 x), \\ y' = y/(1 + c_1 y); \end{cases}$　(h) $\begin{cases} x' = x/(1 + c_2 x) \\ y' = y/(1 + c_2 y) \end{cases}$

投影不变是很强的要求, 特别是在计算机视觉和机器人领域. 但是构造投影变换矩不变量实际上是不可能的, 主要是由于投影变换是非线性的, 雅可比行列式是空间坐标的函数, 变换不能保持物体的中心不变. 在线性变换情况下能成功推导矩不变量的工具, 不能应用于投影不变量. Van Gool 等[1] 用李群代数理论证明有限集矩的投影不变量是不存在的.

2.1.2　投影矩不变量

仿射变换是图像空间的一般的线性变换, 在特定情形下能够近似投影变换. 由于这种性质, 仿射变换在图像处理中具有特殊重要性, 人们已经进行过深入的研究. 与投影变换不同, 由有限矩集形成的仿射变换不变量是存在的, 并且在实际中得到重要应用.

仿射变换能表示成

$$\begin{cases} x' = a_0 + a_1 x + a_2 y \\ y' = b_0 + b_1 x + b_2 y \end{cases} \tag{2.3}$$

其矩阵形式为 $\boldsymbol{X}' = \boldsymbol{A}\boldsymbol{X} + \boldsymbol{B}$, 其中

$$\boldsymbol{A} = \left(\begin{array}{cc} a_1 & a_2 \\ b_1 & b_2 \end{array} \right), \quad \boldsymbol{B} = \left(\begin{array}{c} a_0 \\ b_0 \end{array} \right)$$

仿射变换将一个正方形转换成一个平行四边形, 保持直线边仍然是直线边 (图 2.3). 仿射变换是透视变换在 $c_1 = c_2 = 0$ 情况下的特例. 如果物体大小比相机到场景距离小得多, c_1, c_2 近似为 0, 仿射变换就是投影变换的一个合理的近似模型, 因此仿射变换和仿射不变量在计算机视觉中是十分重要的. 仿射变换的雅可比行列式是 $J = a_1 b_2 - a_2 b_1$ 与透视变换不同, J 与空间坐标无关, 搜索不变量更容易. 而平移、旋转、比例畸变 (TRS) 只是 $a_1 = b_2$ 和 $a_2 = -b_1$ 的特例.

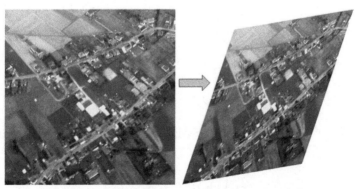

图 2.3　仿射变换将正方形转换成平行四边形[17]

2.1.3　仿射变换矩不变量

仿射变换矩不变量在物体识别中是非常重要的, 不仅被广泛应用于固有的仿射畸变识别中, 也通常被当作透视畸变不变量来应用.

仿射变换矩不变量的研究开始于 1962 年左右, 其发展史是相当复杂的. Hu 在最早的有关矩的论文[2] 中试图推导仿射畸变不变量, 但是对于仿射变换不变量的基本理论的叙述是不正确的.

三十年后, Reiss[3] 以及 Flusser 和 Suk[4,5] 独立地发现并纠正了 Hu 的错误, 发表了一套新仿射变换不变量, 检验了它们在简单识别任务中的应用. 本书有关仿射变换不变量的推导, 源于 19 世纪的代数不变量理论[6-10]. 有些结果同后来 Mamistvalov[11] 发表的结果稍有不同.

仿射变换不变量有几种不同的数学推导方法：除了代数不变量的方法以外, 还可以用图论方法、张量方法、偏微分方程直接求解方法、图像归一化方法等等. 本章着重探讨图论方法和偏微分方程求解法. 有兴趣的读者可以参考 Flusser 和 Suk 的著作[17], 以了解其他获取仿射变换不变量的方法. 所有自动化方法的共同点是可以生成任意数量的不变量, 但是其中只有几个是独立无关的. 因为相关的不变量在实际中是无用的, 必须消除它们, 我们将提出一些消除相关不变量的有用方法.

2.2　仿射变换不变量基本理论

仿射变换不变量理论同代数不变量理论紧密相关, 基本定理描述了这种关系. 代数不变量是二项式系数的多项式, 当空间坐标经过仿射变换以后, 其值保持不变. 在代数不变量理论中只考虑变形而不考虑平移 (i.e. $\boldsymbol{B} = \boldsymbol{0}$).

空间坐标 $\boldsymbol{X}$ 的 p 次二项代数式由以下齐次多项式定义：

$$\sum_{k=0}^{p} \binom{p}{k} a_k x^{(p-k)} y^k \tag{2.4}$$

其中 a_k 为二项式系数, 经过仿射变换

$$\boldsymbol{X}' = \boldsymbol{A}\boldsymbol{X} \tag{2.5}$$

图像的仿射变换产生的坐标变化, 使二项式系数发生了变化, 二项式变成

$$\sum_{k=0}^{p} \binom{p}{k} a_k' x'(p-k) y'^k \tag{2.6}$$

Hilbert[10] 给出了代数不变量的定义, 即二项式的系数 $a, b, \cdots$ 的多项式函数, 满足方程

$$I\left(a_0', a_1', a_2', \cdots, a_{p_a}', \cdots, b_0', b_1', \cdots, b_{p_b}', \cdots\right)$$

$$= J^\omega I(a_0, a_1, \cdots, a_{p_a}, \cdots, b_0, b_1, \cdots, b_{p_b}, \cdots) \tag{2.7}$$

其中 ω 是**不变量的权重**. 如果只是唯一的系数 a 的多项式, 不变量称为齐次的, 否则, 称为联立的. 如果 $\omega = 1$, 不变量称为**绝对的**, 否则称为**相对的**. 基本定理能够表述如下.

定理 2.1 (仿射矩不变量基本定理) 如果 $p_a, p_b, \cdots$ 次二项式有权重为 ω、级次为 r 的代数不变量

$$I\left(a_0', a_1', a_2', \cdots, a_{p_a}', \cdots, b_0', b_1', \cdots, b_{p_b}', \cdots\right)$$

$$= J^\omega I(a_0, a_1, \cdots, a_{p_a}, \cdots, b_0, b_1, \cdots, b_{p_b}, \cdots)$$

则同阶矩有相同的不变量, 乘以附加因子 $|J|^r$, 即

$$I\left(\mu_{p_a 0}', \mu_{p_a-1,1}', \cdots, \mu_{0 p_a}'; \mu_{p_b,0}', \mu_{p_b-1,1}', \cdots, \mu_{0 p_b}', \cdots\right)$$

$$= J^\omega |J|^r I\left(\mu_{p_a 0}, \mu_{p_a-1,1}, \cdots, \mu_{0,p_a}; \mu_{p_b 0}, \mu_{p_b-1,1}, \cdots, \mu_{0 p_b}, \cdots\right)$$

在文献 [3] 中可以找到定理的证明. 这个定理的三维版本的证明发表于文献 [11] 中. 基本定理保证了代数不变量的存在, 有了代数不变量, 用中心矩替换系数, 以归一化方法, 消除 $J^\omega \cdot |J|^r$ 因子, 就能容易地构造相应的仿射变换不变量 (如果 $J < 0, \omega$ 是奇数, 归一化后, 我们得到一个伪不变量). 然而, 基本定理并不能提供寻找代数不变量的方法.

2.3　由图生成的仿射变换不变量

由图生成任意级次和权重的仿射不变量, 是最简单而明确的方法. 图论方法 [12] 的主要优点是, 能够提供一种对不变量结构的理解, 从而消除它们之间的相关性.

2.3.1　基本概念

考虑任意图像 f 及图像中的任意两点 (x_1, y_1), (x_2, y_2), 这两点的叉积 C_{12} 表示成

$$C_{12} = x_1 y_2 - x_2 y_1$$

经过仿射变换 (不考虑平移), 若保持 $C_{12}' = J C_{12}$, 则表示 C_{12} 是相应的仿射变换不变量. 考虑图像中的各点, 求它们叉积的积分, 这些积分能够用矩的形式表示. 用雅可比行列式进行归一化, 可以产生仿射不变量.

更精确地, 设图像 f 中有 r 个点 $(r \geqslant 2)$, n_{kj} 是非负整数, 定义一个依赖于 f 的函数 $I(f)$:

$$I(f) = \iint_{-\infty}^{\infty} \prod_{k,j=1}^{r} C_{kj}^{n_{kj}} \cdot \prod_{i=1}^{r} f(x_i, y_i) \mathrm{d}x_i \mathrm{d}y_i \tag{2.8}$$

注意, 上述公式只对 $j > k$ 是有意义的, 因为 $C_{kj} = -C_{jk}$, $C_{kk} = 0$. 经过仿射变换, $I(f)$ 成为 $I'(f) = J^\omega |J|^r \cdot I(f)$, 此处 $\omega = \sum_{k,j} n_{kj}$ 称为不变量的权重, r 称为不变量的级次. 如果用 $\mu_{00}^{\omega+r}$ 归一化 $I(f)$, 则可得到要求的绝对仿射不变量

$$\left(\frac{I(f)}{\mu_{00}^{\omega+r}} \right)' = \left(\frac{I(f)}{\mu_{00}^{\omega+r}} \right)$$

(如果 $J < 0$, 有附加因子 -1).

组成不变量的矩的最大级次, 称为不变量的级次. 级次总是小于等于权重. 不变量的另一个特征是**结构**. 不变量的结构由整数向量 $S = (k_2, k_3, \cdots, k_s)$ 确定. 此处 s 是不变量级次, k_j 是包含在不变量中的每一项中第 j 阶矩的全部数量 (所有项有同样结构).

以两个简单的不变量解释一般公式 (2.8). 首先设 $r = 2$, $\omega = n_{12} = 2$, 那么

$$\begin{aligned} I(f) &= \iint_{-\infty}^{\infty} (x_1 y_2 - x_2 y_1)^2 f(x_1, y_1) f(x_2, y_2) \, \mathrm{d}x_1 \mathrm{d}y_1 \mathrm{d}x_2 \mathrm{d}y_2 \\ &= 2 \left(m_{20} m_{02} - m_{11}^2 \right) \end{aligned} \tag{2.9}$$

如果用中心矩替换几何矩, 并用 μ_{00}^4 归一化不变量, 就得到一般仿射变换下的全部不变量.

$$I_1 = \left(\mu_{20} \mu_{02} - \mu_{11}^2 \right) / \mu_{00}^4$$

这是最简单的仿射不变量, 仅仅包含二阶矩, 它的结构是 2, 这正是文献中的普遍形式, 不管由什么方法得到的. 类似地, 对于 $r = 3, n_{12} = 2, n_{13} = 2, n_{23} = 0$ 得到

$$\begin{aligned} I(f) &= \iint_{-\infty}^{\infty} (x_1 y_2 - x_2 y_1)^2 (x_1 y_3 - x_3 y_1)^2 \\ &\quad \times f(x_1, y_1) f(x_2, y_2) f(x_3, y_3) \mathrm{d}x_1 \mathrm{d}y_1 \mathrm{d}x_2 \mathrm{d}y_2 \mathrm{d}x_3 \mathrm{d}y_3 \\ &= m_{20}^2 m_{04} - 4 m_{20} m_{11} m_{13} + 2 m_{20} m_{02} m_{22} + 4 m_{11}^2 m_{22} \\ &\quad - 4 m_{11} m_{02} m_{31} + m_{02}^2 m_{40} \end{aligned} \tag{2.10}$$

这种情况下, 归一化因子是 μ_{00}^7. 不变量的权重 $\omega = 4$, 不变量级次 $s = 4$, 其结构为 $(2, 0, 1)$.

2.3.2 用图表示不变量

由公式 (2.8) 生成的不变量, 能够用一个连接的图表示, 每一个点 (x_k, y_k) 对应图中一个节点, 每一个叉积 C_{kj} 对应图中一条边. 如果 $n_{kj} > 1$, 各项 $C_{kj}^{n_{kj}}$ 表示连接第 k 个节点和第 j 个节点的 n_{kj} 条边 (在图论中, 这种具有多条边的图叫多图). 这样图中节点数等于不变量的级次, 边数等于不变量的权重 ω. 从图中能够了解组成不变量的矩的级次和结构. 从每个节点引出的边的数目等于所包含的矩的级次. 事实上, 公式 (2.8) 包含的每一个不变量, 是一定数量的矩的乘积. 这个数, 即不变量的级次, 对一个特定不变量的所有项是常数, 并且等于图中节点的数目.

可以看到, 给定权重 ω 的仿射变换不变量的推导问题, 等价于生成所有的连接图, 最少有 2 个节点, 最多有 ω 条边. 用 $G\omega$ 表示这套图. 从 $G\omega$ 生成所有的图是一个具有指数复杂度的组合任务, 但形式上是容易实现的. 图 2.4 是一个简单的例子.

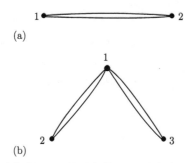

图 2.4   (a) 对应式 (2.9) 的不变量; (b) 对应式 (2.10) 的不变量

2.3.3 仿射变换不变量的无关性

相关不变量并不提高系统的识别能力, 但是增加了问题的维度, 这会增加问题的复杂度甚至导致分类错误. 在识别任务中, 使用相关的特征是严重的错误, 鉴别并消除相关的不变量就是必需的. 后面我们将会看到, 由图论方法生成的仿射变换不变量中, 一些不变量同另外一些不变量是相关的, 因此, 消除相关是一个非常重要的问题.

2.3.3.1 无关不变量的数量

在选择无关不变量之前, 分析存在多少不变量. 直观感觉是由 m 次独立测量中 (即矩的数目) 得到的独立不变量数目 n 是

$$n = m - p \tag{2.11}$$

此处 p 是必须满足的约束数[1]. 但独立的约束经常很难确定, 约束和测量的依赖关系可能是隐藏的, 很难鉴别哪些测量和约束是独立的, 哪些不是. 大多数情况下, 我们把 p 当作变换参量. 在旋转的情况下这是对的, 但在仿射变换下, 一般这是不对的. 仿射变换有 6 个参量, 对于二阶仿射不变量有 6 个矩 (6 (矩)− 6 (参量) = 0), 则有 0 个不变量. 但在前一节我们已经证明有一个二阶不变量 I_1. 另一方面, 对于三阶不变量我们有 10 (矩) − 6 (参量) = 4, 这正是无关三阶不变量的数目.

同样估计对四阶也是适用的 (15 − 6 = 9 (不变量)), 对于所有高阶不变量都是可信的 (虽然没有证明), 只有二阶是个特例.

2.3.3.2 仿射变换不变量中可能的相关性

在所有仿射变换不变量集 (即在图像集 $G\omega$) 中, 可能有各种相关性. 我们把它们分成 5 类, 并说明怎样消除相关性.

性质 2.1 (0 不变量) 一些仿射变换不变量可能完全是 0, 不管它们是由什么图像计算出来的. 如果有一个或多个节点, 但只有一个相连的边, 那么, 不变量的所有项只包含一阶矩. 当使用中心矩时, 按照定义, 这样的不变量是 0. 但是, 一些别的图也产生 0 不变量, 例如图 2.5:

$$I(f) = \int_{-\infty}^{\infty} (x_1 y_2 - x_2 y_1)^2 f(x_1, y_1) f(x_2, y_2) \, \mathrm{d}x_1 \mathrm{d}y_1 \mathrm{d}x_2 \mathrm{d}y_2$$
$$= m_{30} m_{03} - 3m_{21} m_{12} + 3m_{12} m_{21} - m_{30} m_{03} = 0 \tag{2.12}$$

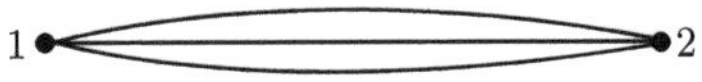

图 2.5   产生 0 不变量 (2.12) 的图

性质 2.2 (全等不变量) 所有同构的图 (和一些非同构的图) 生成全等的不变量. 通过比较不变量的项可以消除相关性.

性质 2.3 (乘积) 某些不变量可以通过别的不变量相乘而得到.

性质 2.4 (线性组合) 某些不变量可以是别的不变量的线性组合.

性质 2.5 (多项式相关性) 如果存在一个不变量乘积的有限和 (包括它们的整数次幂) 等于 0, 那么所包含的不变量是多项式相关的.

具有性质 2.1∼ 性质 2.4 的不变量叫冗余不变量, 消除了相关的项以后, 我们得到非冗余不变量. 但是, 如后面我们将看到的, 非冗余不变量并非不相关不变量. 以下两节我们将说明如何检查冗余的和多项式相关的不变量.

2.3.3.3 消除冗余不变量

上述相关性中性质 2.1 和性质 2.2 不是很重要, 也容易发现. 为消除乘积相关性 (第 3 种), 要进行彻底的搜索. 所有可能允许的不变量 (它们权重的和不能超

过 ω) 相乘以后, 检测它们的独立性. 为了消除线性组合相关性 (第 4 类), 考虑所有的可能的相关组合, 检测它们的独立性, 不要遗漏掉任何一个可能的组合. 检测过程如下所述:

因为只有结构相同的不变量是线性相关的, 首先把所有的不变量 (包括所有乘积) 按照结构进行分类. 对于每个结构相同的组, 构造所有不变量的系数矩阵. 此处 "系数" 是指每一项所乘的常数, 如果不变量不包括所有可能的项, 则相应的系数为 0. 幸亏, 所有的系数向量都是长度相同的, 实际上我们可以把它们安排在一个矩阵中. 如果这个矩阵是满秩的, 那么所有的不变量就是线性无关的. 为了计算矩阵的秩, 使用奇异值分解算法 (SVD). 矩阵的秩由非 0 奇异值数给出, 等于给定结构的线性无关不变量的数目. 每一个 0 奇异值对应一个可以消除的线性相关的不变量.

经过上述过程, 得到一套给定级次和权重的非冗余不变量. 然而, 算法过程是指数复杂的, 即使对一个低权重不变量也是一个费时的过程. 另一方面, 这个过程仅运行一次, 只要知道一个不变量的明确形式, 就可以在后面的实验中应用, 而不需要重复推导.

例如对于 $\omega \leqslant 12$, 我们能够得到 2533942752 个图, 其中 2532349394 个是 0, 1575126 个等于另外一些不变量, 2015 个是别的不变量的乘积, 14538 个是线性相关的. 消除了这些冗余的不变量, 得到 1589 个非冗余不变量. 我们以简明的形式列出前 10 个非冗余不变量以及相应的图和结构. 另外一些重要的不变量在本章附录中列出, 所有 1589 个非冗余不变量及 MATLAB 程序能够在相应的网站找到. 以下列出一些低阶的不变量以及它们对应的图:

(1) $I_1 = \left(\mu_{20}\mu_{02} - \mu_{11}^2 \right) / \mu_{00}^4$;

$$\omega = 2, \quad \boldsymbol{S} = (2)$$

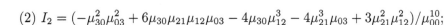

(2) $I_2 = (-\mu_{30}^2\mu_{03}^2 + 6\mu_{30}\mu_{21}\mu_{12}\mu_{03} - 4\mu_{30}\mu_{12}^3 - 4\mu_{21}^3\mu_{03} + 3\mu_{21}^2\mu_{12}^2)/\mu_{00}^{10}$;

$$\omega = 6, \quad \boldsymbol{S} = (0, 4)$$

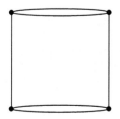

(3) $I_3 = (\mu_{20}\mu_{21}\mu_{03} - \mu_{20}\mu_{12}^2 - \mu_{11}\mu_{30}\mu_{03} + \mu_{11}\mu_{21}\mu_{12}$

$\qquad + \mu_{02}\mu_{30}\mu_{12} - \mu_{02}\mu_{21}^2)/\mu_{00}^7;$

$$\omega = 4, \quad \boldsymbol{S} = (1,2)$$

(4) $I_4 = (-\mu_{20}^3\mu_{03}^2 + 6\mu_{20}^2\mu_{11}\mu_{12}\mu_{03} - 3\mu_{20}^2\mu_{02}\mu_{12}^2 - 6\mu_{20}\mu_{11}^2\mu_{21}\mu_{03}$

$\qquad - 6\mu_{20}\mu_{11}^2\mu_{12}^2 + 12\mu_{20}\mu_{11}\mu_{02}\mu_{21}\mu_{12} - 3\mu_{20}\mu_{02}^2\mu_{21}^2 + 2\mu_{11}^3\mu_{30}\mu_{03}$

$\qquad + 6\mu_{11}^3\mu_{21}\mu_{12} - 6\mu_{11}^2\mu_{02}\mu_{30}\mu_{12} - 6\mu_{11}^2\mu_{02}\mu_{21}^2$

$\qquad + 6\mu_{11}\mu_{02}^2\mu_{30}\mu_{21} - \mu_{02}^3\mu_{30}^2)/\mu_{00}^{11}$

$$\omega = 6, \quad \boldsymbol{S} = (3,2)$$

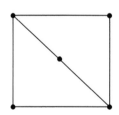

(5) $I_5 = (\mu_{20}^3\mu_{30}\mu_{03}^3 - 3\mu_{20}^3\mu_{21}\mu_{12}\mu_{03}^2 + 2\mu_{20}^3\mu_{12}^3\mu_{03} - 6\mu_{20}^2\mu_{11}\mu_{30}\mu_{12}\mu_{03}^2$

$\qquad + 6\mu_{20}^2\mu_{11}\mu_{21}^2\mu_{03}^2 + 6\mu_{20}^2\mu_{11}\mu_{21}\mu_{12}^2\mu_{03} - 6\mu_{20}^2\mu_{11}\mu_{12}^4$

$\qquad + 3\mu_{20}^2\mu_{02}\mu_{30}\mu_{12}^2\mu_{03} - 6\mu_{20}^2\mu_{02}\mu_{21}^2\mu_{12}\mu_{03} + 3\mu_{20}^2\mu_{02}\mu_{21}\mu_{12}^3$

$\qquad + 12\mu_{20}\mu_{11}^2\mu_{30}\mu_{12}^2\mu_{03} - 24\mu_{20}\mu_{11}^2\mu_{21}^2\mu_{12}\mu_{03} + 12\mu_{20}\mu_{11}^2\mu_{21}\mu_{12}^3$

$\qquad - 12\mu_{20}\mu_{11}\mu_{02}\mu_{30}\mu_{12}^3 + 12\mu_{20}\mu_{22}\mu_{02}\mu_{21}^3\mu_{03} - 3\mu_{20}\mu_{02}^2\mu_{30}\mu_{21}^2\mu_{03}$

$\qquad + 6\mu_{20}\mu_{02}^2\mu_{30}\mu_{21}\mu_{12}^2 - 3\mu_{20}\mu_{02}^2\mu_{21}^2\mu_{12} - 8\mu_{11}^3\mu_{30}\mu_{12}^3 + 8\mu_{11}^3\mu_{21}^3\mu_{03}$

$\qquad - 12\mu_{11}^2\mu_{02}\mu_{30}\mu_{21}^2\mu_{03} + 24\mu_{11}^2\mu_{02}\mu_{30}\mu_{21}\mu_{12}^2 - 12\mu_{11}^2\mu_{02}\mu_{21}^3\mu_{12}$

$\qquad + 6\mu_{11}\mu_{02}^2\mu_{30}^2\mu_{21}\mu_{03} - 6\mu_{11}\mu_{02}^2\mu_{30}^2\mu_{12}^2 - 6\mu_{11}\mu_{02}^2\mu_{30}\mu_{21}^2\mu_{12}$

$$+ 6\mu_{11}\mu_{02}^2\mu_{21}^4 - \mu_{02}^3\mu_{30}^3\mu_{03} + 3\mu_{02}^3\mu_{30}^2\mu_{21}\mu_{12} - 2\mu_{02}^3\mu_{30}\mu_{21}^3)/\mu_{00}^{16};$$

$$\omega = 9, \quad \boldsymbol{S} = (3, 4)$$

(6) $I_6 = \left(\mu_{40}\mu_{04} - 4\mu_{31}\mu_{13} + 3\mu_{22}^2\right)/\mu_{00}^6;$

$$\omega = 4, \quad \boldsymbol{S} = (0, 0, 2)$$

(7) $I_7 = \left(\mu_{40}\mu_{22}\mu_{04} - \mu_{40}\mu_{13}^2 - \mu_{31}^2\mu_{40} + 2\mu_{31}\mu_{22}\mu_{13} - \mu_{22}^3\right)/\mu_{00}^9;$

$$\omega = 6, \quad \boldsymbol{S} = (0, 0, 3)$$

(8) $I_8 = (\mu_{20}^2\mu_{04} - 4\mu_{20}\mu_{11}\mu_{13} + 2\mu_{20}\mu_{02}\mu_{22} + 4\mu_{11}^2\mu_{22}$

$$- 4\mu_{11}\mu_{02}\mu_{31} + \mu_{02}^2\mu_{40})/\mu_{00}^7;$$

$$\omega = 4, \quad \boldsymbol{S} = (2, 0, 1)$$

(9) $I_9 = (\mu_{20}^2\mu_{22}\mu_{04} - \mu_{20}^2\mu_{13}^2 - 2\mu_{20}\mu_{11}\mu_{31}\mu_{04} + 2\mu_{20}\mu_{11}\mu_{22}\mu_{13}$

$$+ \mu_{20}\mu_{02}\mu_{40}\mu_{04} - 2\mu_{20}\mu_{02}\mu_{31}\mu_{13} + \mu_{20}\mu_{02}\mu_{22}^2 + 4\mu_{11}^2\mu_{13}\mu_{31}$$

$$- 4\mu_{11}^2\mu_{22}^2 - 2\mu_{11}\mu_{02}\mu_{40}\mu_{13} + 2\mu_{11}\mu_{02}\mu_{31}\mu_{22} + \mu_{02}^2\mu_{40}\mu_{22}$$

$$- \mu_{02}^2\mu_{31}^2)/\mu_{00}^{10};$$

$$\omega = 6, \quad \boldsymbol{S} = (2, 0, 2)$$

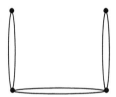

$$(10)\ I_{10} = (\mu_{30}^3\mu_{31}\mu_{04}^2 - 3\mu_{20}^3\mu_{22}\mu_{13}\mu_{04} + 2\mu_{20}^3\mu_{13}^3 - \mu_{20}^2\mu_{11}\mu_{40}\mu_{04}^2$$

$$- 2\mu_{20}^2\mu_{11}\mu_{31}\mu_{13}\mu_{04} + 9\mu_{22}^2\mu_{11}\mu_{22}^2\mu_{04} - 6\mu_{20}^2\mu_{11}\mu_{22}\mu_{13}^2$$

$$+ \mu_{20}^2\mu_{02}\mu_{40}\mu_{13}\mu_{04} - 3\mu_{20}^2\mu_{02}\mu_{31}\mu_{22}\mu_{04} + 2\mu_{20}^2\mu_{02}\mu_{31}\mu_{13}^2$$

$$+ 4\mu_{20}\mu_{11}^2\mu_{40}\mu_{13}\mu_{04} - 12\mu_{20}\mu_{11}^2\mu_{31}\mu_{22}\mu_{04} + 8\mu_{20}\mu_{11}^2\mu_{31}\mu_{13}^2$$

$$- 6\mu_{20}\mu_{11}\mu_{02}\mu_{40}\mu_{13}^2 + 6\mu_{20}\mu_{11}\mu_{02}\mu_{31}^2\mu_{04} - \mu_{20}\mu_{02}^2\mu_{40}\mu_{31}\mu_{04}$$

$$+ 3\mu_{20}\mu_{02}^2\mu_{40}\mu_{22}\mu_{13} - 2\mu_{20}\mu_{02}^2\mu_{31}^2\mu_{13} - 4\mu_{11}^3\mu_{40}\mu_{13}^2 + 4\mu_{11}^3\mu_{31}^2\mu_{04}$$

$$- 4\mu_{11}^2\mu_{02}\mu_{40}\mu_{31}\mu_{04} + 12\mu_{11}^2\mu_{02}\mu_{40}\mu_{22}\mu_{13} - 8\mu_{11}^2\mu_{02}\mu_{31}^2\mu_{13}$$

$$+ \mu_{11}\mu_{02}^2\mu_{40}^2\mu_{04} + 2\mu_{11}\mu_{02}^2\mu_{40}\mu_{31}\mu_{13} - 9\mu_{11}\mu_{02}^2\mu_{40}\mu_{22}^2$$

$$+ 6\mu_{11}\mu_{02}^2\mu_{31}^2\mu_{22} - \mu_{02}^3\mu_{40}^2\mu_{13} + 3\mu_{02}^3\mu_{40}\mu_{31}\mu_{22} - 2\mu_{02}^3\mu_{31}^3)/\mu_{00}^{15};$$

$$\omega = 9, \quad \boldsymbol{S} = (3, 0, 3)$$

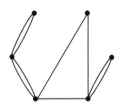

2.3.3.4　消除多项式相关性

因为相关不变量不容易识别和消除, 在非冗余不变量中, 级次高于 1 的多项式相关性有很大的问题, 不能忽视. 权重小于等于 12 的不变量中, 有 1589 个非冗余不变量, 其中最多只有 85 个独立不变量, 那就说明它们中至少有 1504 个必定是多项式相关不变量. 虽然完善地消除相关不变量的算法在原理上是已知的, 但实现起来很难, 对于计算资源的要求也很高, 即使计算低权重的不变量, 用现代计算机计算也很难. 然而, 已经发现了许多相关性. 例如, 在前一节得出的 10 个不变量中, 就有 2 个是多项式相关的.

$$-4I_1^3I_2^2 + 12I_1^2I_2I_3^2 - 12I_1I_3^4 - I_2I_4^2 + 4I_3^3I_4 - I_5^2 = 0 \tag{2.13}$$

和

$$- 16I_1^3 I_7^2 - 8I_1^2 I_6 I_7 I_8 - I_1 I_6^2 I_8^2 + 4I_1 I_6 I_9^2 + 12I_1 I_7 I_8 I_9 + I_6 I_8^2 I_9$$

$$- I_2 I_8^3 - 4I_9^3 - I_{10}^2 = 0 \tag{2.14}$$

这就证明 I_5 和 I_{10} 是相关的. 为了得到完整无关的 4 级仿射变换不变量, 消掉 I_5 和 I_{10}, 而把 I_{11}, I_{19} 和 I_{25} 中的一个加到 $\{I_1, I_2, I_3, I_4, I_6, I_7, I_8, I_9\}$ 中即可. (I_{11}, I_{19} 和 I_{25} 的表达式见本章附录 2.1).

　　强制搜索所有可能的相关多项式是非常费时的. 即使在非冗余不变量中找到了多项式相关不变量, 也不能直接选择独立不变量. 在线性相关的情况下, 由别的不变量线性组合而成的不变量被省略, 在多项式相关的情况下, 不能这么做, 因为在不变量中被识别出的相关性不是独立的. 以一个假设的例子来解释这点. 假设 I_a, I_b, I_c 和 I_d 是非冗余不变量, 有三种相关关系:

$$S_1 : I_a^2 + I_b I_c = 0$$

$$S_2 : I_d^2 - I_b I_c^2 = 0$$

$$S_3 : I_a^4 + 2I_a^2 I_b I_c + I_d^2 I_b = 0$$

　　如果我们宣布这三个不变量是相关的, 并且省略它们, 那就错了, 因为第三个相关性是第一和第二个的组合.

$$S_1^2 + I_b S_2 - S_3 = 0$$

没有任何新的信息. 在这四个不变量中有两个是相关的, 两个是独立的. 这是二级相关的例子, 即 "相关中的相关", 而 S_1, S_2 和 S_3 是一级相关. 二级相关可以同一级相关 (全等的、乘积、线性组合和多项式) 是同样类型的. 它们可以以同样的方法找到, 其算法只需要对前节的方法做稍微的改动.

　　这种思路可以进一步推广, 我们可以定义第 n 阶相关性:

$$n = n_0 - n_1 + n_2 - n_3 + \cdots \tag{2.15}$$

此处 n_0 是非冗余不变量数, n_1 是一阶相关数, n_2 是二阶相关数, 等等. 如果我们只考虑一定阶数的不变量, 这个链一定是有限的. (文献 [11] 给出了代数不变量的证明, 对于矩不变量的证明, 几乎是相同的)

2.3.3.5　图中几个参量及其关系

　　一个不变量是一个多项式, 与一个多图对应. 不变量中每一个单项式都是由中心矩的乘积组成的, 其中, 中心矩的最高阶是 s, s 称为不变量的级次; 单项式结

构相同, 可用结构向量表示:

$$S = (k_2, k_3, \cdots, k_s)$$

其中, k_2 表示多图中引出 2 条边的节点的数目, 等于单项式中 2 阶矩的数目; k_3 表示多图中引出 3 条边的节点的数目, 等于单项式中 3 阶矩的数目; $\cdots$; k_s 表示多图中引出 s 条边的节点的数目, 等于单项式中 s 阶矩的数目.

各单项式中, 中心矩数目 r 相同, 称为不变量的度, 等于多图中节点数目:

$$r = k_2 + k_3 + \cdots + k_s$$

不变量权重 $\omega = (2k_2 + 3k_3 + \cdots + k_s)\,/2$; 因为从每个 k_2 节点引出 2 条边, k_2 个点引出 $2k_2$ 条边; 从每个 k_3 节点引出 3 条边, k_3 个点引出 $3k_3$ 条边; 从每个 k_s 节点引出 s 条边, k_s 个点引出 sk_s 条边; 而每条边连接 2 个节点, 所以

$$\omega = (2k_2 + 3k_3 + \cdots + k_s)\,/2$$

多图中边的总数 ω 就是不变量的权重.

2.4   由凯莱–阿让德方程推导仿射变换不变量

本节介绍由凯莱–阿让德方程推导仿射变换不变量的方法. 这个方法既不使用代数不变量方法, 也不使用归一化方法, 也不像图论方法, 生成 "所有" 可能的不变量. 其基本思想简单, 能够自动化求解[14], 容易手工求得几个低级次的仿射变换不变量[4,13]. 它的复杂度是多项式的, 不同于图论方法的指数复杂度. 但它的编程实现比图论方法困难得多.

2.4.1   手工解

仿射变换式 (2.3) 能够分解成分部变换:

水平平移: $x' = x + \alpha, \quad y' = y$ (2.16)

垂直平移: $x' = x, \quad y' = y + \beta$ (2.17)

均匀比例变换: $x' = \omega x, \quad y' = \omega y$ (2.18)

拉伸: $x' = \delta x, \quad y' = \dfrac{1}{\delta}y$ (2.19)

水平偏斜: $x' = x + ty, \quad y' = y$ (2.20)

垂直偏斜: $x' = x, \quad y' = y + sx$ (2.21)

镜像变换: $x' = x, \quad y' = \pm y$ (2.22)

对于以上任何一项变换, 图像矩的函数 I 在 (2.3) 的一般仿射变换下, 保持不变. 对于平移、比例变换和拉伸的不变性, 同归一化方法完全相同, 这里我们不再重复. 下面我们将推导在偏斜变换情况下的不变量.

如果函数 I 对于水平偏斜是不变的, 那么它对于偏斜参量 t 微分必须为 0:

$$\frac{\mathrm{d}I}{\mathrm{d}t} = \sum_p \sum_q \frac{\partial I}{\partial \mu_{pq}} \frac{\mathrm{d}\mu_{pq}}{\mathrm{d}t} = 0 \tag{2.23}$$

式 (2.23) 中, 对于中心矩的微分是

$$\begin{aligned}
\frac{\mathrm{d}\mu_{pq}}{\mathrm{d}t} &= \frac{\mathrm{d}}{\mathrm{d}t} \iint_{-\infty}^{\infty} (x + ty - x_c - ty_c)^p (y - y_c)^q f(x, y)\, \mathrm{d}x\mathrm{d}y \\
&= \iint_{-\infty}^{\infty} (x + ty - x_c - ty_c)^{p-1} (y - y_c)^{q+1} f(x, y)\, \mathrm{d}x\mathrm{d}y \\
&= p\mu_{p-1,q+1}
\end{aligned} \tag{2.24}$$

把这个结果代入 (2.23), 则

$$\sum_p \sum_q p\mu_{p-1,q+1} \frac{\partial I}{\partial \mu_{pq}} = 0 \tag{2.25}$$

这个方程叫做凯莱–阿让德方程. 对于垂直偏斜, 我们可推导出类似的方程:

$$\sum_p \sum_q q\mu_{p-1,q+1} \frac{\partial I}{\partial \mu_{pq}} = 0 \tag{2.26}$$

从镜像反射能够推导出对称性条件, 结合足标交换

$$x' = y, \quad y' = -x \tag{2.27}$$

那么, 在这种变换下, 矩成为

$$\mu'_{pq} = (-1)^q \mu_{qp} \tag{2.28}$$

如果在不变量中有两个对称项:

$$C_1 \prod_{l=1}^{r} \mu_{p_{jl}q_{jl}} \quad \text{和} \quad C_2 \prod_{l=1}^{r} \mu_{p_{jl}q_{jl}} \tag{2.29}$$

那么在变换 (2.27) 下, 有

$$C_1 (-1)^\omega \prod_{l=1}^{r} \mu_{p_{jl}q_{jl}} \quad \text{和} \quad C_2 (-1)^\omega \prod_{l=1}^{r} \mu_{p_{jl}q_{jl}} \tag{2.30}$$

因此, $C_1 = (-1)\omega C_2$, 有符号公式:

$$I\left(\mu'_{pq}\right) = (-1)^{\omega} I\left(\mu_{qp}\right) \tag{2.31}$$

式 (2.31) 意味着, 对称项能够一起计算, 奇数权重的不变量在镜像变换下符号改变, 它们是伪不变量; 而偶数权重的不变量保持不变, 是真不变量. 我们能够或者使用奇数权重不变量的振幅, 或者假设仿射变换总是有正的雅可比行列式.

凯莱–阿让德微分方程得出线性系统的解, 并且能够推导仿射变换不变量. 不变量 (即凯莱–阿让德微分方程的解) 通常假设为矩的乘积的线性组合的形式:

$$I = \left(\sum_{j=1}^{n_l} C_j \prod_{l=1}^{r} \mu_{p_{jl}, q_{jl}}\right) / \mu_{00}^{r+\omega} \tag{2.32}$$

参考文献 [15] 中的四个解, 表示四个低阶仿射变换不变量. 按照该书的符号规则, 它们是 I_1, I_2, I_3 和 $-(I_4 + 6I_1 I_3)$.

自然会有这样的疑问, 由图论方法产生的仿射变换不变量是否全同于凯莱–阿让德方程产生的仿射变换不变量? 反过来呢? 虽然直观的回答是肯定的, 但是要证明这样的论断是相当困难的. 可以采用 Gurevich 相似定理的[9] 证明方法加以证明.

2.4.2   自动解

为了获取更高阶的仿射变换不变量, 需要寻找自动化求解凯莱–阿让德方程的方法. 下面分析结构参数为 $\boldsymbol{S} = (k_2, k_3, \cdots, k_s)$、度为 $r = k_1 + k_2 + \cdots + k_s$、权重为 $\omega = (2k_2 + 3k_3 + 4k_4 + \cdots + sk_s)/2$ 的不变量的自动化求解方法.

首先, 确定不变量多项式中每个单项式的各种可能的矩的下标. 整数 ω 是 k_2 从 0 变到 2, k_3 从 0 变到 3, $\cdots$, k_s 从 0 变到 s 的各项的和. 各组合单项式的产生分两步进行: 第一步, 在各级次中分割 ω; 第二步, 在某阶矩中, 分配特定矩的配额. 组件元素用作矩的首下标, 由矩的级次完成第二下标的计算. 完成各单项式的构造, 就接近生成不变量了, 只是各组合单项式系数是未知的, 需要确定. 所有可能的不变量组合单项式数目是 n_t.

因为需要找到不变量中的各个组合单项式, 并且尽快检查出全等的单项式, 我们既要对每个组合单项式中的矩进行排队, 也要对不变量中的所有组合单项式进行排队.

算法的下一步是寻找对称项. 如果发现两个单项式中的各个矩的第一下标和第二下标是互换的, 那么这两个组合单项是相似配对的, 就一起计算这两个组合单项式的系数. 把相似配对项的数目以 n_s 表示. 然后计算所有组合单项式对于所有矩 (M_{pq} 除外) 的导数, 并由这些导数组成凯莱–阿让德方程.

现在我们对未知系数构造线性方程系统. 凯莱–阿让德方程必须满足所有的矩, 因此全部组合项的系数和必须等于 0. 系统矩阵的水平大小等于未知系数的数目, 垂直大小等于不同微分项的数目. 方程右边是 0, 这表示方程能够有一个 0 解, 或者无限多个解. 如果只有 0 解, 那么解空间维数等于线性独立不变量的个数. 如果维数是 n, 我们就有独立的方程解 $I_1, I_2, \cdots, I_n$, 每一个解能表示成 $k_1 I_1 + k_2 I_2 + \cdots + k_n I_n$, 而 $k_1, k_2, \cdots, k_n$ 是任意实数.

解基 $I_1, I_2, \cdots, I_n$ 能够通过系统矩阵的 SVD(奇异值分解) 算法求得, 将系统矩阵分解成 $\boldsymbol{UWV}^{\mathrm{T}}$, $\boldsymbol{U}, \boldsymbol{V}$ 是正交矩阵, 而 $\boldsymbol{W}$ 是奇异值的对角矩阵. 线性方程系统的解是矩阵 $\boldsymbol{V}$ 的每一行方程的解, 它对应于矩阵 $\boldsymbol{W}$ 中的 0 奇异值. 矩阵 $\boldsymbol{V}$ 可能没有整数解, 但总是能够具有整系数的不变量, 所以我们把这种要求作为解的附加条件.

例 2.1 以结构 $\boldsymbol{S} = (2, 0, 2)$ 为例, 求解凯莱–阿让德方程获得仿射变换不变量.

以上方法用下面的例子加以说明. 假设 $s = 4$, 构造 $\boldsymbol{S} = (2, 0, 2)$ 为输入参数的不变量 (如 I_9 对应的图). 那么不变量权重 $\omega = 6$, 不变量的度 $r = 4$. 需要产生所有的组合单项式, 把整数 6 分解成从 0 到 2 的两个整数和从 0 到 4 的两个整数, 见表 2.1.

表 2.1 不变量所有可能的组合项

第一步	第二步	系数	组合项
6+0	4+2+0+0	c_1	$\mu_{02}^2\mu_{40}\mu_{22}$
	3+3+0+0	c_2	$\mu_{02}^2\mu_{31}^2$
5+1	4+1+1+0	c_3	$\mu_{11}\mu_{02}\mu_{40}\mu_{13}$
	3+2+1+0	c_4	$\mu_{11}\mu_{02}\mu_{31}\mu_{22}$
4+2	4+0+2+0	c_5	$\mu_{20}\mu_{02}\mu_{40}\mu_{04}$
	4+0+1+1	c_8	$\mu_{11}^2\mu_{40}\mu_{04}$
	3+1+2+0	c_6	$\mu_{20}\mu_{02}\mu_{31}\mu_{13}$
	3+1+1+1	c_9	$\mu_{11}^2\mu_{31}\mu_{13}$
	2+2+2+0	c_7	$\mu_{20}\mu_{02}\mu_{22}^2$
	2+2+1+1	c_{10}	$\mu_{11}^2\mu_{22}^2$
3+3	3+0+2+1	c_3	$\mu_{20}\mu_{11}\mu_{31}\mu_{04}$
	2+1+2+1	c_4	$\mu_{20}\mu_{11}\mu_{22}\mu_{13}$
2+4	2+0+2+2	c_1	$\mu_{20}^2\mu_{22}\mu_{04}$
	1+1+2+2	c_2	$\mu_{20}^2\mu_{13}^2$

表中第一列表示不同级次的各种组合, 是第一步; 第二列表示各个单项式中不同级次矩的各种组合, 是第二步. 可以看出: 第一步中 2+4 和 4+2 是不同的, 必须考虑两种情况; 而第二步中有 3+2+0+1、3+2+1+0、2+3+1+0 和 2+3+0+1 等情况, 只是同一单项式中交换了因子位置, 把它们当作同一单项式即可. 对每个单项式中的矩进行排队, 先排二阶矩, 再排四阶矩. 表中第四列列出对所有单项式

进行排队的结果. 第三列是各单项式的系数, 系数是未知的, 次序也是重要的. 可以看出, 未知系数的理论数是 $n_t = 14$, 搜索对称项, 并标以相同的序号, 其总数为 $n_s = 10$.

现在构造凯莱–阿让德方程, 对各个不同阶矩进行微分:

$$D\left(\mu_{pq}\right) = \sum_p \sum_q p\mu_{p-1,q+1} \frac{\partial I}{\partial \mu_{pq}} \quad (\text{除去 } \mu_{0q})$$

$$D\left(\mu_{13}\right) = (2c_2\mu_{20}^2\mu_{13}\mu_{04} + c_4\mu_{20}\mu_{11}\mu_{22}\mu_{04} + c_6\mu_{20}\mu_{02}\mu_{31}\mu_{04}$$
$$+ c_9\mu_{11}^2\mu_{31}\mu_{04} + c_3\mu_{11}\mu_{02}\mu_{40}\mu_{04})$$

$$D\left(\mu_{22}\right) = 2c_1\mu_{20}^2\mu_{13}\mu_{04} + 2c_4\mu_{20}\mu_{11}\mu_{13}^2 + 4c_7\mu_{20}\mu_{02}\mu_{22}\mu_{13}$$
$$+ 4c_{10}\mu_{11}^2\mu_{22}\mu_{13} + 2c_1\mu_{02}^2\mu_{40}\mu_{13} + 2c_4\mu_{11}\mu_{02}\mu_{31}\mu_{13}$$

$$D\left(\mu_{31}\right) = 3c_3\mu_{20}\mu_{11}\mu_{22}\mu_{04} + 3c_6\mu_{20}\mu_{02}\mu_{22}\mu_{13} + 3c_9\mu_{11}^2\mu_{22}\mu_{13}$$
$$+ 6c_2\mu_{02}^2\mu_{31}\mu_{22} + 3c_4\mu_{11}\mu_{02}\mu_{22}^2$$

$$D\left(\mu_{40}\right) = 4c_5\mu_{20}\mu_{02}\mu_{31}\mu_{04} + 4c_8\mu_{11}^2\mu_{31}\mu_{04} + 4c_1\mu_{02}^2\mu_{31}\mu_{22}$$
$$+ 4c_3\mu_{11}\mu_{02}\mu_{31}\mu_{13}$$

$$D\left(\mu_{11}\right) = c_3\mu_{20}\mu_{02}\mu_{31}\mu_{04} + c_4\mu_{20}\mu_{02}\mu_{22}\mu_{13} + 2c_8\mu_{11}\mu_{02}\mu_{40}\mu_{04}$$
$$+ 2c_9\mu_{11}\mu_{02}\mu_{31}\mu_{13} + 2c_{10}\mu_{11}\mu_{02}\mu_{22}^2 + c_3\mu_{02}^2\mu_{40}\mu_{13}$$
$$+ c_4\mu_{02}^2\mu_{31}\mu_{22}$$

$$D\left(\mu_{20}\right) = 4c_1\mu_{20}\mu_{11}\mu_{22}\mu_{04} + 4c_2\mu_{20}\mu_{11}\mu_{13}^2 + 2c_3\mu_{11}^2\mu_{31}\mu_{04}$$
$$+ 2c_4\mu_{11}^2\mu_{22}\mu_{13} + 2c_5\mu_{11}\mu_{02}\mu_{40}\mu_{04} + 2c_6\mu_{11}\mu_{02}\mu_{31}\mu_{13}$$
$$+ 2c_7\mu_{11}\mu_{02}\mu_{22}^2$$

方程

$$D\left(\mu_{13}\right) + D\left(\mu_{22}\right) + D\left(\mu_{31}\right) + D\left(\mu_{40}\right) + D\left(\mu_{11}\right) + D\left(\mu_{20}\right) = 0 \quad (2.33)$$

满足任意的矩, 由此条件组成的线性方程的系数解在表 2.2 中.

奇异值分解以后的对角矩阵 $\boldsymbol{W}$ 的值为 9.25607, 7.34914, 6.16761, 3.03278×10^{-16}, 2.41505, 3.51931, 4.02041, 4.65777, 5.11852 和 4.49424×10^{-16}, 而 3.03278×10^{-16}, 4.49424×10^{-16} 小于阈值, 系统有 2 个独立解. 系统的整数解在表 2.2 的下面 2 行.

$$I_a = (\mu_{20}^2\mu_{22}\mu_{04} - 2\mu_{20}^2\mu_{13}^2 + 2\mu_{20}\mu_{11}\mu_{31}\mu_{04} + 2\mu_{20}\mu_{11}\mu_{22}\mu_{13}$$
$$- 2\mu_{20}\mu_{02}\mu_{22}^2 + \mu_{11}^2\mu_{40}\mu_{04} - \mu_{11}^2\mu_{22}^2 - 2\mu_{11}\mu_{02}\mu_{40}\mu_{13}$$
$$+ 2\mu_{11}\mu_{02}\mu_{31}\mu_{22} + \mu_{02}^2\mu_{40}\mu_{22} - \mu_{02}^2\mu_{31}^2)/\mu_{00}^2$$
$$I_b = (\mu_{20}\mu_{02}\mu_{40}\mu_{04} - 4\mu_{20}\mu_{02}\mu_{31}\mu_{13} + 3\mu_{20}\mu_{02}\mu_{22}^2 - \mu_{11}^2\mu_{40}\mu_{04}$$
$$+ 4\mu_{11}^2\mu_{31}\mu_{13} - 3\mu_{11}^2\mu_{22}^2)/\mu_{00}^2$$

容易看出与由图论方法求得的关系为

$$I_a = I_9 \quad I_b = I_1I_6$$

表 2.2　系数线性方程系矩阵, 空格为 0

项	c_1	c_2	c_3	c_4	c_5	c_6	c_7	c_8	c_9	c_{10}
$\mu_{20}^2\mu_{13}\mu_{04}$	2	2								
$\mu_{20}\mu_{11}\mu_{22}\mu_{04}$	4		3	1						
$\mu_{20}\mu_{02}\mu_{31}\mu_{04}$			1		4	1				
$\mu_{11}^2\mu_{31}\mu_{04}$			2					4	1	
$\mu_{11}\mu_{02}\mu_{40}\mu_{04}$			1		2			2		
$\mu_{20}\mu_{11}\mu_{13}^2$		4		2						
$\mu_{20}\mu_{02}\mu_{40}\mu_{04}$				1		3	4			
$\mu_{11}^2\mu_{22}\mu_{13}$				2					3	4
$\mu_{11}\mu_{02}\mu_{31}\mu_{13}$			4	2		2		2		
$\mu_{02}^2\mu_{40}\mu_{13}$	2		1							
$\mu_{11}\mu_{02}\mu_{22}^2$				3			2			2
$\mu_{02}^2\mu_{31}\mu_{22}$	4	6		1						
I_{s1}	1	−1	−2	2		2	−2	1		−1
I_{s2}					1	−4	3	−1	4	−3

2.5　彩色图像的仿射变换不变量

　　上述所有不变量是灰度图像的不变量, 在大多数情况下是二值图像. 本节把矩不变量推广到彩色图像和多通道图像.

　　彩色图像可以理解为 RGB 三通道, 每一个通道可以看成灰度图像. 分别计算每个通道的矩不变量, 把它们看成三维向量, 而不必引入新的理论. 这样就能得到 $3(m-6)$ 个彩色图像仿射不变量, m 为所使用的矩的数目. 但是, RGB 通道并不独立, 假设每个通道仿射畸变是相同的. 这样就有 $3m-6$ 个独立的不变量.

　　为了探索通道之间的关系, Mindru 等[15] 定义了 $d = \alpha + \beta + \gamma$ 阶广义彩色矩:

$$M_{pq}^{\alpha\beta\gamma} = \iint_D x^p y^q \left(R\left(x,y\right)\right)^\alpha \left(G\left(x,y\right)\right)^\beta \left(B\left(x,y\right)\right)^\gamma \,\mathrm{d}x\mathrm{d}y \tag{2.34}$$

此处 R, G, B 是彩色图像三个通道的图像函数, α, β, γ 是非负整数. 他们用这些矩来构造彩色仿射不变量. 但遗憾的是, 这些特征显示了非常高的冗余性. 在各阶矩有无限集的情况下, 只有 $d = 1$ 的矩是独立的. 冗余性随着矩的最高阶数降低而降低, 对于低阶矩, 本方法可能会产生有意义的结果. 然而, 对于低阶矩, 在每个单通道中, 高亮度对对比度的非线性更敏感, 并导致错误分类.

仿射不变量理论提出使用同时仿射不变量的途径. 同时不变量至少包含 2 个不同阶的矩. 这个方法生成联合不变量而不产生相关描述子.

选择 2 个通道 (设为 a 和 b), 取一同时不变量 I_3, 从一个通道计算二阶矩, 从另一通道计算三阶矩, 得到联合不变量:

$$\begin{aligned}
J_{2,3} = \Big(& \mu_{20}^{(b)}\mu_{21}^{(b)}\mu_{03}^{(b)} - \mu_{20}^{(b)}\left(\mu_{12}^{(b)}\right)^2 - \mu_{11}^{(b)}\mu_{30}^{(b)}\mu_{03}^{(b)} + \mu_{11}^{(b)}\mu_{21}^{(b)}\mu_{12}^{(b)} \\
& + \mu_{02}^{(b)}\mu_{30}^{(b)}\mu_{12}^{(b)} - \mu_{02}^{(b)}\left(\mu_{21}^{(b)}\right)^2 \Big)/\mu_{00}^7
\end{aligned} \tag{2.35}$$

(归一化矩 μ_{00} 是由整个彩色图像矩 $\mu_{00} = \mu_{00}^{(a)} + \mu_{00}^{(b)} + \mu_{00}^{(c)}$ 计算的).

我们也能利用同阶的 2 个或多个二项式代数不变量. 以下是这样的二阶不变量:

$$J_2 = \left(\mu_{20}^{(a)}\mu_{02}^{(b)} + \mu_{20}^{(b)}\mu_{02}^{(a)} - 2\mu_{11}^{(a)}\mu_{11}^{(b)}\right)/\mu_{00}^4 \tag{2.36}$$

如果仅使用一个通道矩 (即 $a = b$), 得到 I_1, 另一个这样的不变量是三阶的

$$J_3 = \left(\mu_{30}^{(a)}\mu_{03}^{(b)} - 3\mu_{21}^{(a)}\mu_{12}^{(b)} + 3\mu_{21}^{(b)}\mu_{12}^{(a)} - \mu_{30}^{(b)}\mu_{03}^{(a)}\right)/\mu_{00}^5 \tag{2.37}$$

如果只使用单通道矩, 则 $J_3 = 0$. 由单通道生成的三阶不变量不存在, 由两个通道生成的三阶不变量存在.

在彩色不变量中, 也可以采用 0 阶和一阶矩. 中心矩由整个图像的主中心矩定义:

$$m_{00} = m_{00}^{(a)} + m_{00}^{(b)} + m_{00}^{(c)}$$

$$x_c = (m_{10}^{(a)} + m_{10}^{(b)} + m_{10}^{(c)})/m_{00}, \quad y_c = \left(m_{01}^{(a)} + m_{01}^{(b)} + m_{01}^{(c)}\right)/m_{00}$$

$$\mu_{pq}^{(a)} = \int_{-\infty}^{\infty} \int_{-\infty}^{\infty} (x - x_c)^p (y - y_c)^q a\left(x,y\right) \,\mathrm{d}x\mathrm{d}y, \quad p, q = 0, 1, 2, \cdots \tag{2.38}$$

由于各单通道中心一般与主中心不同, 一阶矩不必是 0. 我们能够用来构造附加的联合不变量, 即

$$J_1 = \left(\mu_{10}^{(a)} \mu_{01}^{(b)} - \mu_{10}^{(b)} \mu_{01}^{(a)} \right) / \mu_{00}^3 \tag{2.39}$$

一个一阶和二阶同时不变量是

$$J_{1,2} = \left(\mu_{20}^{(a)} \left(\mu_{01}^{(b)} \right)^2 + \mu_{20}^{(a)} \left(\mu_{10}^{(b)} \right)^2 - 2\mu_{11}^{(a)} \mu_{10}^{(b)} \mu_{02}^{(b)} \right) / \mu_{00}^5 \tag{2.40}$$

甚至存在 0 阶联合仿射不变量:

$$J_0 = \mu_{00}^{(a)} / \mu_{00}^{(b)} \tag{2.41}$$

使用联合不变量, 可以得到 12 个另外独立的彩色不变量. 这种思路可以扩展到由多通道生成的多通道图像. 这在卫星和航空图像识别中是很有用的, 因为实时多谱和超谱传感器可以产生几百个通道 (谱带).

2.6　三 维 推 广

过去几十年中, 医学三维图像识别似乎已变得很普通. 虽然三维物体识别似乎少于平面图像, 但产生三维仿射不变量, 不仅有用, 而且有理论意义. 本章推导仿射不变量的各种方法都可以推广到三维, 但是不同方法的扩展, 困难是不同的.

从坐标 (x, y, z) 到 (x', y', z') 的三维仿射变换, 表示成矩阵形式为

$$\boldsymbol{X}' = \boldsymbol{A}\boldsymbol{x} + \boldsymbol{B}$$

$$\boldsymbol{X}' = \begin{pmatrix} x' \\ y' \\ z' \end{pmatrix}, \quad \boldsymbol{A} = \begin{pmatrix} a_1 & a_2 & a_3 \\ b_1 & b_2 & b_3 \\ c_1 & c_2 & c_3 \end{pmatrix}, \quad \boldsymbol{X} = \begin{pmatrix} x \\ y \\ z \end{pmatrix}, \quad \boldsymbol{B} = \begin{pmatrix} a_0 \\ b_0 \\ c_0 \end{pmatrix}$$

$$\tag{2.42}$$

这一节我们从几何原理出发, 推导三维仿射不变量, 它是二维图论方法的推广; 简单介绍使用凯莱–阿让德方程推导三维仿射不变量的方法.

2.6.1　方法的几何基础

方法的几何基础是由 Xu 和 Li[16] 引入的, 并成为图论方法的三维版本. 一个四面体, 其一个顶点在原点, 其他三个顶点在从原点出发的直线上, 这个四面体的体积为

$$v\left(O, 1, 2, 3 \right) = \frac{1}{6} \begin{vmatrix} x_1 & x_2 & x_3 \\ y_1 & y_2 & y_3 \\ z_1 & z_2 & z_3 \end{vmatrix} \tag{2.43}$$

符号表示为 $C_{123} = 6v(O, 1, 2, 3)$, 当有 $(r \geqslant 3)$ 个点时, 可以用乘积的积分表示不变量

$$I(f) = \int_{-\infty}^{\infty} \prod_{j,k,l=1}^{r} C_{jkl}^{n_{jkl}} \prod_{i=1}^{r} f(x_i, y_i, z_i) \, \mathrm{d}x_i \mathrm{d}y_i \mathrm{d}z_i \tag{2.44}$$

此处 n_{jkl} 是非负整数, $\omega = \sum_{j,k,l} n_{jkl}$ 是不变量权重, r 是级次, 经过仿射变换, 不变量变成

$$I(f)' = J^{\omega} |J|^{r} I(f) \tag{2.45}$$

用 $\mu_{000}^{\omega+r}$ 对 $I(f)$ 进行归一化处理, 产生一个绝对仿射不变量.

例如: $r = 3, n_{123} = 2$, 我们得到

$$\begin{aligned}
I_1^{3D} &= \frac{1}{6} \int_{-\infty}^{\infty} C_{123}^2 f(x_1, y_1, z_1) \times f(x_2, y_2, z_2) \\
&\quad \times f(x_3, y_3, z_3) \, \mathrm{d}x_1 \mathrm{d}y_1 \mathrm{d}z_1 \mathrm{d}x_2 \mathrm{d}y_2 \mathrm{d}z_2 \mathrm{d}x_3 \mathrm{d}y_3 \mathrm{d}z_3 \\
&= (\mu_{200}\mu_{020}\mu_{002} + 2\mu_{110}\mu_{101}\mu_{011} - \mu_{200}\mu_{011}^2 \\
&\quad - \mu_{020}\mu_{101}^2 - \mu_{002}\mu_{110}^2)/\mu_{000}^5
\end{aligned} \tag{2.46}$$

另一个例子是 $r = 4, n_{123} = 1, n_{124} = 1, n_{134} = 1, n_{234} = 1$, 则

$$\begin{aligned}
I_2^{3D} &= \frac{1}{36} \int_{-\infty}^{\infty} C_{123} C_{124} C_{134} C_{234} f(x_1, y_1, z_1) f(x_2, y_2, z_2) f(x_3, y_3, z_3) \\
&\quad \times f(x_4, y_4, z_4) \, \mathrm{d}x_1 \mathrm{d}y_1 \mathrm{d}z_1 \mathrm{d}x_2 \mathrm{d}y_2 \mathrm{d}z_2 \mathrm{d}x_3 \mathrm{d}y_3 \mathrm{d}z_3 \mathrm{d}x_4 \mathrm{d}y_4 \mathrm{d}z_4 / \mu_{000}^8 \\
&= (\mu_{300}\mu_{003}\mu_{120}\mu_{021} + \mu_{300}\mu_{030}\mu_{102}\mu_{012} + \mu_{030}\mu_{003}\mu_{210}\mu_{201} \\
&\quad - \mu_{300}\mu_{120}\mu_{012}^2 - \mu_{300}\mu_{102}\mu_{021}^2 - \mu_{030}\mu_{210}\mu_{102}^2 \\
&\quad - \mu_{030}\mu_{201}^2\mu_{012} - \mu_{003}\mu_{210}^2\mu_{021} - \mu_{003}\mu_{201}\mu_{120}^2 \\
&\quad - \mu_{300}\mu_{030}\mu_{003}\mu_{111} + \mu_{300}\mu_{021}\mu_{012}\mu_{111} \\
&\quad + \mu_{030}\mu_{201}\mu_{102}\mu_{111} + \mu_{003}\mu_{210}\mu_{120}\mu_{111} \\
&\quad + \mu_{210}^2\mu_{012}^2 + \mu_{201}^2\mu_{021}^2 + \mu_{120}^2\mu_{102}^2 - \mu_{210}\mu_{120}\mu_{102}\mu_{012} \\
&\quad - \mu_{210}\mu_{201}\mu_{021}\mu_{012} - \mu_{201}\mu_{120}\mu_{102}\mu_{021} - 2\mu_{210}\mu_{012}\mu_{111}^2 \\
&\quad - 2\mu_{201}\mu_{021}\mu_{111}^2 - 2\mu_{120}\mu_{102}\mu_{111}^2 + 3\mu_{210}\mu_{102}\mu_{021}\mu_{111}
\end{aligned}$$

$$+ 3\mu_{201}\mu_{120}\mu_{012}\mu_{111} + \mu_{111}^4)/\mu_{000}^8 \tag{2.47}$$

三维不变量不能用普通的多边图描述, 在这里一条边连接两个节点. 三维情况下需要一些连接三个节点的 "超边", 这个概念在文献中称为多图. 多图在文献 [15] 中用于评价仿射不变量的性能. k 均匀多图是一个对 $\boldsymbol{G} = (V, E)$, 这里 $V = \{1, 2, \cdots, n\}$ 是有限节点集, 而 $E \in \begin{pmatrix} V \\ k \end{pmatrix}$ 是 "超边" 集. 每一条 "超边" 连接多达 k 个节点. 本章中, 普通图是二维均匀图. 需要用三维均匀 "超图" 来描述三维仿射不变量, 也就是每个 "超边" 连接三个节点. 对应的 "超图" 表示在图 2.6 中, 图中 "超边" 被画成被连接点的集.

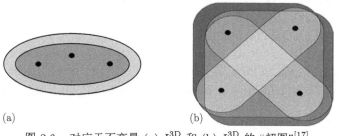

(a)　　　　　(b)

图 2.6　对应于不变量 (a) I_1^{3D} 和 (b) I_2^{3D} 的 "超图"[17]

2.6.2　凯莱–阿让德方程三维推广

可以将凯莱–阿让德方程直接推广到三维, 但不变量的项数要比二维情况多. 三维仿射不变量能够分解成三个不均匀比例畸变、六个偏斜和三个平移. 解也类似于二维情况. 有六个不同的凯莱–阿让德方程:

$$\sum_p \sum_q \sum_r p\mu_{p-1,q+1,r} \frac{\partial I}{\partial \mu_{pqr}} = 0 \tag{2.48}$$

用对称条件, 可以建立另外五个方程. 因为有三个下标的六个常数, 对于同一个系数, 我们有多达六个对称项. 计算时, 首先将可能的不变量项列出来, 列出表格, 让表的行数等于不变量的权重数, 列数等于矩的阶数. 线性方程的求解过程类似于二维情况.

参 考 文 献

[1]　Van Gool E P L, Moons T, Oosterlinck A. Vision and Lie's approach to invariance. Image and Vision Computing, 1995, 13(4): 259-277.

[2] Hu M K. Visual pattern recognition by moment invariants. IRE Transactions on Information Theory, 1962, 8(2): 179-187.

[3] Reiss T H. The revised fundamental theorem of moment invariants. IEEE Transactions on Pattern Analysis and Machine Intelligence, 1991, 13(8): 830-834.

[4] Flusser J, Suk T. Pattern recognition by affine moment invariants. Pattern Recognition, 1993, 26(1): 167-174.

[5] Flusser J, Suk T. Pattern recognition by means of affine moment invariants. Research Report 1726, Institute of Information Theory and Automation (in Czech), 1991.

[6] Sylvester J J, Franklin F. Tables of the generating functions and groundforms for the binary quantics of the first ten orders. American Journal of Mathematics, 1879, 2: 223-251.

[7] Sylvester J J, Franklin F. Tables of the generating functions and Groundforms for simultaneous binary quantics of the first four orders taken two and two together. American Journal of Mathematics, 1879, 2: 293-306, 324-329.

[8] Schur I. Vorlesungen über Invarianten Theories. Berlin: Springer (in German), 1968.

[9] Gurevich G B. Foundations of the Theory of Algebraic Invariants. Groningen, The Netherlands: Nordhoff, 1964.

[10] Hilbert D. Theory of Algebraic Invariants. Cambridge: Cambridge University Press, 1993.

[11] Mamistvalov A G. n-dimensional moment invariants and conceptual mathematical theory of recognition n-dimensional solids. IEEE Transactions on Pattern Analysis and Machine Intelligence, 1998, 20(8): 819-831.

[12] Suk T, Flusser J. Graph method for generating affine moment invariants. Proceedings of the 17th International Conference on Pattern Recognition ICPR'04 (Cambridge, UK), 192-195, IEEE Computer Society, 2004.

[13] Flusser J, Suk T. A moment-based approach to registration of images with affine geometric distortion. IEEE Transactions on Geoscience and Remote Sensing, 1994, 32(2): 382-387.

[14] Suk T, Flusser J. Affine moment invariants generated by automated solution of the equations. Proceedings of the 19th International Conference on Pattern Recognition ICPR'08 (Tampa, Florida), IEEE Computer Society, 2008.

[15] Mindru F, Tuytelaars T, Gool L V, et al. Moment invariants for recognition under changing viewpoint and illumination. Computer Vision and Image Understanding, 2004, 94(1-3): 3-27.

[16] Xu D, Li H. 3-D affine moment invariants generated by geometric primitives. Proceedings of the 18th International Conference on Pattern Recognition ICPR'06 (Hong Kong), 544-547, IEEE Computer Society, 2006.

[17] Flusser J, Suk T, Zitová B. Moments and Moment Invariants in Pattern Recognition. New York: John Wiley & Sons , Ltd.

附　录　2.1

本附录列出几个常用的高阶仿射不变量：

$$
\begin{aligned}
I_{11} = (&\mu_{30}^2\mu_{12}^2\mu_{04} - 2\mu_{30}^2\mu_{12}\mu_{03}\mu_{13} + \mu_{30}^2\mu_{03}^2\mu_{22} - 2\mu_{30}\mu_{21}^2\mu_{12}\mu_{04} \\
&+ 2\mu_{30}\mu_{21}^2\mu_{03}\mu_{13} + 2\mu_{30}\mu_{21}\mu_{12}^2\mu_{13} - 2\mu_{30}\mu_{21}\mu_{03}^2\mu_{31} \\
&- 2\mu_{30}\mu_{12}^3\mu_{22} + 2\mu_{30}\mu_{12}^2\mu_{03}\mu_{31} + \mu_{21}^4\mu_{04} - 2\mu_{21}^3\mu_{12}\mu_{13} \\
&- 2\mu_{21}^3\mu_{03}\mu_{22} + 3\mu_{21}^2\mu_{12}^2\mu_{22} + 2\mu_{21}^2\mu_{12}\mu_{03}\mu_{31} \\
&+ \mu_{21}^2\mu_{03}^2\mu_{40} - 2\mu_{21}\mu_{12}^3\mu_{31} - 2\mu_{21}\mu_{12}^2\mu_{03}\mu_{22} \\
&+ \mu_{12}^4\mu_{40})/\mu_{00}^{13}
\end{aligned}
$$

$$
\begin{aligned}
I_{19} = (&\mu_{20}\mu_{30}\mu_{12}\mu_{04} - \mu_{20}\mu_{30}\mu_{03}\mu_{13} - \mu_{20}\mu_{21}^2\mu_{04} + \mu_{20}\mu_{21}\mu_{12}\mu_{13} \\
&+ \mu_{20}\mu_{21}\mu_{03}\mu_{22} - \mu_{20}\mu_{12}^2\mu_{22} - 2\mu_{11}\mu_{30}\mu_{12}\mu_{13} \\
&+ 2\mu_{11}\mu_{30}\mu_{03}\mu_{22} + 2\mu_{11}\mu_{21}^2\mu_{13} - 2\mu_{11}\mu_{21}\mu_{12}\mu_{22} \\
&- 2\mu_{11}\mu_{21}\mu_{03}\mu_{13} + 2\mu_{11}\mu_{12}^2\mu_{31} + \mu_{02}\mu_{30}\mu_{12}\mu_{22} \\
&- \mu_{02}\mu_{30}\mu_{03}\mu_{31} - \mu_{02}\mu_{21}^2\mu_{22} + \mu_{02}\mu_{21}\mu_{12}\mu_{31} \\
&+ \mu_{02}\mu_{21}\mu_{03}\mu_{40} - \mu_{02}\mu_{12}^2\mu_{40})/\mu_{00}^{10}
\end{aligned}
$$

$$
\begin{aligned}
I_{25} = (&\mu_{20}^3\mu_{12}^2\mu_{04} - 2\mu_{20}^3\mu_{12}\mu_{03}\mu_{13} + \mu_{20}^3\mu_{03}^2\mu_{22} - 4\mu_{20}^2\mu_{11}\mu_{21}\mu_{12}\mu_{04} \\
&+ 4\mu_{20}^2\mu_{11}\mu_{21}\mu_{03}\mu_{13} + 2\mu_{20}^2\mu_{11}\mu_{12}^2\mu_{13} - 2\mu_{20}^2\mu_{11}\mu_{03}^2\mu_{31} \\
&+ 2\mu_{20}^2\mu_{02}\mu_{30}\mu_{12}\mu_{04} - 2\mu_{20}^2\mu_{02}\mu_{30}\mu_{03}\mu_{13} \\
&- 2\mu_{20}^2\mu_{02}\mu_{21}\mu_{12}\mu_{13} + 2\mu_{20}^2\mu_{02}\mu_{21}\mu_{03}\mu_{22} + \mu_{20}^2\mu_{02}\mu_{12}^2\mu_{22} \\
&- 2\mu_{20}^2\mu_{02}\mu_{12}\mu_{03}\mu_{31} + \mu_{20}^2\mu_{02}\mu_{03}^2\mu_{40} + 4\mu_{20}\mu_{11}^2\mu_{21}^2\mu_{04} \\
&- 8\mu_{20}\mu_{11}^2\mu_{21}\mu_{03}\mu_{22} - 4\mu_{20}\mu_{11}^2\mu_{12}^2\mu_{22} \\
&+ 8\mu_{20}\mu_{11}^2\mu_{12}\mu_{03}\mu_{31} - 4\mu_{20}\mu_{11}\mu_{02}\mu_{30}\mu_{21}\mu_{04} \\
&+ 4\mu_{20}\mu_{11}\mu_{02}\mu_{30}\mu_{03}\mu_{22} + 4\mu_{20}\mu_{11}\mu_{02}\mu_{21}^2\mu_{13} \\
&- 4\mu_{20}\mu_{11}\mu_{02}\mu_{21}\mu_{12}\mu_{22} + 4\mu_{20}\mu_{11}\mu_{02}\mu_{12}^2\mu_{31} \\
&- 4\mu_{20}\mu_{11}\mu_{02}\mu_{12}\mu_{03}\mu_{40} + \mu_{20}\mu_{02}^2\mu_{30}^2\mu_{04}
\end{aligned}
$$

$$- 2\mu_{20}\mu_{02}^2\mu_{30}\mu_{21}\mu_{13} + 2\mu_{20}\mu_{02}^2\mu_{30}\mu_{12}\mu_{22}$$

$$- 2\mu_{20}\mu_{02}^2\mu_{30}\mu_{03}\mu_{31} + \mu_{20}\mu_{02}^2\mu_{21}^2\mu_{22} - 2\mu_{20}\mu_{02}^2\mu_{21}\mu_{12}\mu_{31}$$

$$+ 2\mu_{20}\mu_{02}^2\mu_{21}\mu_{03}\mu_{40} - 8\mu_{11}^3\mu_{21}^2\mu_{13} + 16\mu_{11}^3\mu_{21}\mu_{12}\mu_{22}$$

$$- 8\mu_{11}^3\mu_{12}^2\mu_{31} + 8\mu_{11}^2\mu_{02}\mu_{30}\mu_{21}\mu_{13} - 8\mu_{11}^2\mu_{02}\mu_{30}\mu_{12}\mu_{22}$$

$$- 4\mu_{11}^2\mu_{02}\mu_{21}^2\mu_{22} + 4\mu_{11}^2\mu_{02}\mu_{12}^2\mu_{40} - 2\mu_{11}\mu_{02}^2\mu_{30}^2\mu_{13}$$

$$+ 4\mu_{11}\mu_{02}^2\mu_{30}\mu_{12}\mu_{31} + 2\mu_{11}\mu_{02}^2\mu_{21}^2\mu_{31}$$

$$- 4\mu_{11}\mu_{02}^2\mu_{21}\mu_{12}\mu_{40} + \mu_{02}^3\mu_{30}^2\mu_{22} - 2\mu_{02}^3\mu_{30}\mu_{21}\mu_{31}$$

$$+ \mu_{02}^3\mu_{21}^2\mu_{40})/\mu_{00}^{14}$$

$$I_{47} = (-\mu_{50}^2\mu_{05}^2 + 10\mu_{50}\mu_{41}\mu_{14}\mu_{05} - 4\mu_{50}\mu_{32}\mu_{23}\mu_{05} - 16\mu_{50}\mu_{32}\mu_{14}^2$$

$$+ 12\mu_{50}\mu_{23}^2\mu_{14} - 16\mu_{41}^2\mu_{23}\mu_{05} - 9\mu_{41}^2\mu_{14}^2 + 12\mu_{41}\mu_{32}^2\mu_{05}$$

$$+ 76\mu_{41}\mu_{32}\mu_{23}\mu_{14} - 48\mu_{41}\mu_{23}^3 - 48\mu_{32}^3\mu_{14}$$

$$+ 32\mu_{32}^1\mu_{23}^2\mu)/\mu_{00}^{14}$$

$(I_1, I_2, I_3, I_4, I_6, I_7, I_8, I_9, I_{19})$ 是第四级以前的完整独立不变特征系, 或者可以用 I_{11} 或 I_{25} 代替 I_{19}. I_{47} 是最简单的齐次第五级不变量.

第 3 章　正交多畸变不变矩

第 2 章中研究了仿射变换不变量. 如下式表达的仿射变换:

$$x' = a_0 + a_1 x + a_2 y$$

$$y' = b_0 + b_1 x + b_2 y$$

可以写成矩阵形式为

$$\boldsymbol{X'} = \boldsymbol{AX} + \boldsymbol{B}$$

其中, $\boldsymbol{A} = \begin{pmatrix} a_1 & a_2 \\ b_1 & b_2 \end{pmatrix}$ 是变换矩阵, $\boldsymbol{B} = \begin{pmatrix} a_0 \\ b_0 \end{pmatrix}$ 是图像平移量. 当 $a_1 = b_2$ 和 $a_2 = -b_1$ 时, 图像是平移、旋转、比例畸变 (**TRS 变换**). 如果 $a_1 = b_2 = \cos\theta$, $a_2 = -b_1 = \sin\theta$, 则图像在坐标系中逆时针方向旋转了 θ 弧度. 所谓**正交** (orthogonal, OG) 是指图像的投影空间函数系是正交的, **多畸变不变** (multi-distorted-invariant, MDI) 是指图像的平移、缩放、旋转和密度的畸变不变. 在图像分析和图像处理的很多问题中, 图像所发生的畸变是图像的平移、缩放、旋转和密度的畸变, 所以, 研究这一类不变量是有很重要的实际应用价值的.

　　本章首先介绍直角坐标系中缩放不变的图像矩; 然后讨论极坐标系中平移、缩放、旋转、密度多畸变不变图像矩, 论证图像矩的平移、缩放、旋转、密度畸变不变性, 用实验数据加以验证; 最后通过重建图像, 研究不同的图像矩算法对图像矩性能的影响.

3.1　正交多项式矩

　　如第 1 章所述, 使用正交基函数对图像进行分解, 计算图像的正交矩, 可以改善图像特征并获取非冗余性. 我们能够用循环关系计算正交矩. 与几何矩不同, 以代数中的正交多项式为基函数, 可以计算正交图像矩; 也可以用其他正交函数系作为基函数计算图像矩. 因为正交图像矩没有冗余, 图像很容易从正交图像矩重建.

　　数学上已经证明有一系列正交多项式[1], 表 3.1 中列举了一些正交多项式.

表 3.1　一些正交多项式

多项式名称	表达式	正交加权函数	正交性	与雅可比多项式关系
勒让德多项式 $P_n(x)$	$P_n(x) = \sum_{k=0}^{[\frac{n}{2}]} \dfrac{(-1)^k (2n-2k)!}{2^n k!(n-k)!(n-2k)!} x^{n-2k}$	1	$\displaystyle\int_{-1}^{1} P_m(x) P_n(x)\,dx = \begin{cases} 0, & m \neq n \\[4pt] \dfrac{2}{2n+1}, & m = n \end{cases}$	$P_n(r) = J_n(0,0,r)$
第一类切比雪夫多项式 $T_n(x)$	$T_n(x) = \dfrac{n}{2}\sum_{k=0}^{[\frac{n}{2}]} (-1)^k \dfrac{(n-k-1)!}{k!(n-2k)!}(2x)^{n-2k}$	$\dfrac{1}{\sqrt{1-x^2}}$	$\displaystyle\int_{-1}^{1} \dfrac{T_m(x)T_n(x)}{\sqrt{1-x^2}}\,dx = \begin{cases} 0, & m \neq n \\[4pt] \dfrac{\pi}{2}, & m = n > 0 \\[4pt] \pi, & m = n = 0 \end{cases}$	
第二类切比雪夫多项式 $U_n(x)$	$U_n(x) = \sum_{0}^{[\frac{n}{2}]} (-1)^k \dfrac{(n-k)!}{k!(n-2k)!}(2x)^{n-2k}$	$\sqrt{1-x^2}$	$\displaystyle\int_{-1}^{1} \sqrt{1-x^2}\,U_m(x)U_n(x)\,dx = \begin{cases} 0, & m \neq n \\[4pt] \dfrac{\pi}{2}, & m = n \end{cases}$	$U_n(r) = \dfrac{(n+1)!\sqrt{\pi}}{2\Gamma\left(n+\dfrac{3}{2}\right)} \cdot J_n(1/2, 1/2, r)$
雅可比多项式 $J_n(\alpha,\beta,x)$	$J_n(\alpha,\beta,x) = \dfrac{(n+\beta+\alpha-1)!}{(2n+\alpha-1)!}\sum_{k=0}^{n}(-1)^{n-k}\binom{n}{k}\dfrac{(n+\alpha+k-1)!}{(k+\beta-1)!}x^k$	$(1-x)^\alpha$ $(1+x)^\beta$	$\displaystyle\int_{-1}^{1}(1-x)^\alpha(1+x)^\beta J_m^{(\alpha,\beta)} J_n^{(\alpha,\beta)}\,dx = \begin{cases} 0, & m \neq n \\[4pt] \dfrac{2^{\alpha+\beta+1}\Gamma(n+\alpha+1)\Gamma(n+\beta+1)}{(2n+\alpha+\beta+1)n!\Gamma(n+\alpha+\beta+1)}, & m = n \end{cases}$	
雅可比多项式 $G_n(p,q,r)$	$G_n(p,q,r) = \dfrac{n!(q-1)!}{(p+n-1)!} \times \sum_{s=0}^{n}(-1)^s \dfrac{(p+n+s-1)!}{(n-s)!(q+s-1)!}r^s$			$J_n(p,q,r) = \dfrac{\Gamma(2n+p+q+1)}{n!\Gamma(n+p+q+1)} \cdot G_n\left(p+q+1, q+1, \dfrac{r+1}{2}\right)$
盖根堡多项式 $C_n^\lambda(x)$	$C_n^\lambda(x) = \dfrac{1}{\Gamma(\lambda)}\sum_{k=0}^{[\frac{n}{2}]}\dfrac{(-1)^k \Gamma(\lambda+n-k)}{k!(n-2k)!}(2x)^{n-2k}$	$(1-x^2)^{\lambda-\frac{1}{2}}$	$\displaystyle\int_{-1}^{1}(1-x^2)^{\lambda-\frac{1}{2}} C_n^\lambda(x) C_m^\lambda(x)\,dx = \begin{cases} 0, & m \neq n \\[4pt] \dfrac{n\Gamma(2\lambda+n)}{2^{2\lambda-1}n!(\lambda+n)[\Gamma(\lambda)]^2}, & m = n \end{cases}$	

续表

多项式名称	表达式	正交加权函数	正交性	与雅可比多项式关系
埃尔米特多项式 $H_n(x)$	$H_n(x)$ $=\sum_{k=0}^{[\frac{n}{2}]}\dfrac{(-1)^k n!}{k!(n-2k)!}(2x)^{n-2k}$	e^{-x^2}	$\displaystyle\int_{-\infty}^{\infty}H_m(x)H_n(x)e^{-x^2}\,\mathrm{d}x$ $=\begin{cases}0, & m\neq n \\ 2^n n!\sqrt{\pi}, & m=n\end{cases}$	
拉盖尔多项式 $L_n^{\alpha}(x)$	$L_n^{\alpha}(x)$ $=\sum_{k=0}^{n}(-1)^k\begin{pmatrix}n+\alpha\\n-k\end{pmatrix}\dfrac{x^k}{k!}$	$\dfrac{x^{\alpha}}{e^x}$	$\displaystyle\int_0^{\infty}\dfrac{x^{\alpha}}{e^x}L_m^{(\alpha)}(x)L_n^{(\alpha)}(x)\,\mathrm{d}x$ $=\begin{cases}0, & m\neq n \\ \dfrac{\Gamma(n+\alpha+1)}{n!}, & m=n\end{cases}$	
泽尼克多项式 $R_{nm}(x)$	$R_{nm}(x)$ $=\sum_{k=|m|,\,n-k\text{为偶数}}^{n}(-1)^{\frac{n-k}{2}}$ $\cdot\dfrac{\left(\frac{n+k}{2}\right)!}{\left(\frac{n-k}{2}\right)!\left(\frac{m+k}{2}\right)!\left(\frac{k-m}{2}\right)!}x^k$		$\displaystyle\int_0^1 R_{nm}(r)R_{lm}(r)r\,\mathrm{d}r$ $=\dfrac{1}{2(n+1)}\delta_{nl}$	$R_{m+2s}^{|m|}(r)=(-1)^{m+2s}\begin{pmatrix}m+s\\s\end{pmatrix}$ $\cdot r^m G_s(m+1,m+1,r^2)$
伪泽尼克多项式 $R'_{nm}(r)$	$R'_{nm}(r)=\sum_{s=0}^{n-|m|}(-1)^s$ $\cdot\dfrac{(2n+1-s)!}{s!(n-|m|-s)!(n+|m|+1-s)!}r^{n-s}$			$P_{m+s}^{|m|}(r)=(-1)^s\begin{pmatrix}2m+s+1\\s\end{pmatrix}$ $\cdot r^m G_s(2m+2,2m+2,r)$
正交梅林多项式 $Q_n(r)$	$Q_n(r)=\sum_{s=0}^{n}(-1)^{n+s}$ $\cdot\dfrac{(n+s+1)!}{(n-s)!s!(s+1)!}r^s$		$\displaystyle\int_0^1 Q_n(r)Q_k(r)r\,\mathrm{d}r$ $=\dfrac{1}{2[2(n+1)]}\delta_{nk}$	$Q_n(r)=J_n(2,2,r)$

在直角坐标系中, 采用表 3.1 所列的各种正交多项式作为基函数, 对图像进行分解, 可以计算各种正交图像矩. 这些正交图像矩具有缩放不变性, 但不具有旋转不变性. 可以由这些正交矩重建图像. 在文献中可以找到以下各种正交图像矩.

3.1.1 勒让德矩

在直角坐标系中以勒让德多项式 $P_n(x)$ 为基函数, 对图像 $f(x,y)$ 进行分解, 得到 $n+m$ 阶勒让德矩[4](Legendre moment)

$$\lambda_{nm} = \frac{(2m+1)(2n+1)}{4} \int_{-\infty}^{\infty} \int_{-\infty}^{\infty} P_n(x) P_m(x) f(x,y) \mathrm{d}x\mathrm{d}y,$$

$$m, n = 0, 1, 2, \cdots, \infty \tag{3.1}$$

第 n 阶勒让德多项式的表达式为

$$P_n(x) = \frac{1}{2^n n!} \frac{\mathrm{d}^n}{\mathrm{d}x^n} (x^2 - 1)^n \tag{3.2}$$

勒让德多项式 $\{P_m(x)\}$ 为正交完备的基函数系, 勒让德多项式在区间 $[-1, 1]$ 内是正交的

$$\int_{-1}^{1} P_n(x) P_m(x) \mathrm{d}x = \begin{cases} 0, & m \neq n \\ \dfrac{2}{2m+1}, & m = n \end{cases} \tag{3.3}$$

根据正交理论, 图像函数 $f(x,y)$ 可以在区域 $[-1 \leqslant x, y \leqslant 1]$ 内展开为勒让德多项式的级数:

$$f(x,y) = \sum_{m=0}^{\infty} \sum_{n=0}^{\infty} \lambda_{nm} P_n(x) P_m(y) \tag{3.4}$$

其中, 勒让德矩 $\{\lambda_{nm}\}$ 是函数 $f(x,y)$ 在区域 $[-1 \leqslant x, y \leqslant 1]$ 内根据公式 (3.1) 计算得到的. 利用有限个勒让德矩可以近似重构图像函数:

$$f(x,y) \approx \sum_{m=0}^{M} \sum_{n=0}^{N} \lambda_{nm} P_n(x) P_m(y) \tag{3.5}$$

3.1.2 切比雪夫矩

切比雪夫矩 (Chebyshev moment) 是离散的正交图像矩[2]. 因为它的定义是离散形式的, 所以在计算时避免了连续正交图像矩需要将积分离散化而造成的误差, 用离散正交图像矩图像重构是比较准确的. 但是切比雪夫矩本身不具有旋转、缩放、平移不变性. Mukundan 等[2] 将切比雪夫矩转换为几何矩的线性组合, 再利用几何矩不变量来计算切比雪夫矩不变量. 下面给出切比雪夫矩的定义.

对 $N \times N$ 图像, $p+q$ 阶切比雪夫矩的定义为

$$T_{pq} = \frac{1}{\tilde{\rho}(p,N)\tilde{\rho}(q,N)} \sum_{x=0}^{N-1}\sum_{y=0}^{N-1} \tilde{t}_p(x)\tilde{t}_q(y)f(x,y), \quad p,q = 0,1,2,\cdots,N-1 \quad (3.6)$$

其中 $\tilde{t}_n(x) = \dfrac{t_n(x)}{\beta(n,N)}$, $\beta(n,N) = N^n$, $t_n(x)$ 为离散的切比雪夫多项式:

$$t_n(x) = n!\sum_{k=0}^{n}(-1)^{n-k}\begin{pmatrix} N-1-k \\ n-k \end{pmatrix}\begin{pmatrix} n+k \\ n \end{pmatrix}\begin{pmatrix} x \\ k \end{pmatrix} \quad (3.7)$$

$\tilde{t}_n(x)$ 在 $x = 0,1,\cdots,N-1$ 上满足离散正交条件:

$$\sum_{x=0}^{N-1} \tilde{t}_m(x)\tilde{t}_n(x) = \tilde{\rho}(n,N)\delta_{mn} \quad (3.8)$$

其中 $\tilde{\rho}(n,N)$ 为

$$\tilde{\rho}(n,N) = \frac{N\left(1-\dfrac{1}{N^2}\right)\left(1-\dfrac{2^2}{N^2}\right)\cdots\left(1-\dfrac{n^2}{N^2}\right)}{2n+1}, \quad n = 0,1,\cdots,N-1 \quad (3.9)$$

利用切比雪夫矩的逆变换重构图像可表示为

$$f(x,y) = \sum_{m=0}^{N-1}\sum_{n=0}^{N-1} T_{mn}\tilde{t}_m(x)\tilde{t}_n(y), \quad x,y = 0,1,2,\cdots,N-1 \quad (3.10)$$

3.1.3　克劳丘克矩

克劳丘克矩 (Krawtchouk moment) 也是离散的正交图像矩[3]. 但是克劳丘克矩本身不具有旋转、缩放、平移不变性. Yap 等[3] 将克劳丘克矩转换为几何矩的线性组合, 再利用几何矩不变量来计算克劳丘克矩不变量. n 阶克劳丘克多项式的定义为

$$K_n(x;p,N) = \sum_{k=0}^{N} a_{k,n,p}x^k = {}_2F_1\left(-n,-x;-N;\frac{1}{p}\right), \quad x,n = 0,1,2,\cdots,N$$

$$(3.11)$$

其中, $N > 0$, $p \in (0,1)$, ${}_2F_1$ 是超几何函数:

$${}_2F_1(a,b;c;z) = \sum_{k=0}^{\infty} \frac{(a)_k(b)_k}{(c)_k}\frac{z^k}{k!}$$

$$(a)_k = a(a+1)\cdots(a+k-1) = \frac{\Gamma(a+k)}{\Gamma(a)} \tag{3.12}$$

n 阶归一化的克劳丘克多项式 $\bar{K}_n(x;p,N)$ 为

$$\bar{K}_n(x;p,N) = K_n(x;p,N)\sqrt{\frac{w(x;p,N)}{\rho(n;p,N)}} \tag{3.13}$$

$$w(x;p,N) = \begin{pmatrix} N \\ x \end{pmatrix} p^x(1-p)^{N-x} \tag{3.14}$$

$$\rho(n;p,N) = (-1)^n \left(\frac{1-p}{p}\right)^n \frac{n!}{(-N)_n} \tag{3.15}$$

$\bar{K}_n(x;p,N)$ 在 $x = 0,1,\cdots,N-1$ 上满足离散正交条件:

$$\sum_{x=0}^{N} \bar{K}_n(x;p,N)\bar{K}_m(x;p,N) = \delta_{nm}$$

对一个 $N \times M$ 图像 $f(x,y)$, 其 $n+m$ 阶克劳丘克矩 Q_{nm} 为

$$Q_{nm} = \sum_{x=0}^{N-1}\sum_{y=0}^{M-1} \bar{K}_n(x;p_1,N-1)\bar{K}_m(y;p_2,M-1)f(x,y) \tag{3.16}$$

克劳丘克矩 Q_{nm} 本身不具有旋转、缩放、平移不变性, 将克劳丘克矩表示为几何矩的线性组合, 然后通过几何矩不变量获得克劳丘克矩不变量. 克劳丘克矩表示为几何矩的线性组合为

$$Q_{nm} = [\rho(n)\rho(m)]^{-\frac{1}{2}} \sum_{i=0}^{n}\sum_{j=0}^{m} a_{i,n,p_1} a_{j,m,p_2} M_{i,j} \tag{3.17}$$

其中 $M_{i,j}$ 称为几何矩. 克劳丘克矩不变量表示为

$$\tilde{Q}_{nm} = [\rho(n)\rho(m)]^{-\frac{1}{2}} \sum_{i=0}^{n}\sum_{j=0}^{m} a_{i,n,p_1} a_{j,m,p_2} \tilde{\nu}_{i,j} \tag{3.18}$$

其中 $\tilde{\nu}_{i,j}$ 是几何矩不变量 $\nu_{p,q}$ 的线性组合:

$$\tilde{\nu}_{n,m} = \sum_{p=0}^{n}\sum_{q=0}^{m} \begin{pmatrix} n \\ p \end{pmatrix} \begin{pmatrix} m \\ q \end{pmatrix} \left(\frac{N^2}{2}\right)^{\frac{p+q}{2}+1} \left(\frac{N}{2}\right)^{n+m-p-q} \nu_{p,q} \tag{3.19}$$

图像 $f(x,y)$ 的几何矩不变量 $\nu_{n,m}$ 为

$$\nu_{n,m} = M_{00}^{-\gamma} \sum_{x=0}^{N-1} \sum_{y=0}^{N-1} [(x-\bar{x})\cos\theta + (y-\bar{y})\sin\theta]^n$$

$$\times [(y-\bar{y})\cos\theta - (x-\bar{x})\sin\theta]^m f(x,y) \tag{3.20}$$

其中,

$$\gamma = \frac{n+m}{2} + 1 \tag{3.21}$$

$$\bar{x} = \frac{M_{10}}{M_{00}} \tag{3.22}$$

$$\bar{y} = \frac{M_{01}}{M_{00}} \tag{3.23}$$

$$\theta = \frac{1}{2}\arctan\frac{2\mu_{11}}{\mu_{20} - \mu_{02}} \tag{3.24}$$

3.1.4 雅可比矩

用雅可比多项式作为基函数对图像进行分解可以得到雅可比矩 (Jacobi moment)

$$\phi_{mn}(p,q) = \frac{1}{2\pi} \int_{-1}^{1} \int_{-1}^{1} f(x,y) J_m(p,x) J_n(q,y) \mathrm{d}x \mathrm{d}y \tag{3.25}$$

其中 $J_n(x)$ 和 $G_n(p,q,x)$ 为雅可比多项式的两种不同的表达形式, 它们之间的关系为

$$J_n(p,q,x) = \frac{\Gamma(2n+p+q+1)}{n!\Gamma(n+p+q+1)} \times G_n\left(p+q+1, q+1, \frac{x+1}{2}\right)$$

$$G_n(p,q,x) = \frac{(n+q-1)!}{(2n+p-1)!} \sum_{k=0}^{n} (-1)^{n-k} \binom{n}{k} \frac{(n+p+k-1)!}{(k+q-1)!} x^k$$

雅可比多项式 $G_n(p,q,x)$ 是正交多项式

$$\int_{-1}^{1} G_n(p,q,x) G_k(p,q,x) W(p,q,x) \mathrm{d}x = b_n \delta_{nk}$$

其中 $W(p,q,x)$ 为权重因子, b_n 为归一化常数

$$W(p,q,x) = (1-x)^{p-q} x^{q-1}$$

$$b_n = \frac{n!(n+p-1)!(n+q-1)!(n+p-q+1)!}{(2n+p)[(2n+p-1)!]^2}$$

在雅可比多项式中, 有两个可变的参数 p 和 q, 这两个参数的变化, 可以推导出其他的多项式, 因此可以认为, 雅可比多项式是广义正交多项式, 雅可比矩是广义正交图像矩. 以正交多项式为基函数的图像矩都具有相似的性质, 可以称为正交多项式矩, 这一类在直角坐标系中的图像矩只具有缩放、畸变不变性, 不具备旋转不变性. 我们将在后面研究雅可比多项式与其他多项式之间的关系, 进而研究雅可比–傅里叶矩与其他多畸变不变矩的关系.

3.2　正交多畸变不变矩

Teagure[4] 首先用泽尼克 (Zernike) 矩来描述图像. 泽尼克矩的核函数是由径向泽尼克多项式和角向复指数因子 $e^{-jk\theta}$ 组成的, 因为泽尼克多项式和 $e^{-jk\theta}$ 函数都是正交函数, 所以泽尼克矩是正交图像矩. 盛云龙等[5] 在 1994 年提出正交傅里叶–梅林矩, 平子良等[6] 后来提出了切比雪夫–傅里叶矩、雅可比–傅里叶矩[7] 和圆谐–傅里叶矩[8] 等正交图像矩, 这些图像矩都是在极坐标中计算的, 其核函数都是由径向正交多项式和角向复指函数 $e^{-jk\theta}$ 所组成的, 在图像分析和识别等各个领域有着广泛的应用.

Teh 等[9] 在 1988 年按照图像重建误差和噪声特性评价了某些图像矩的性能, 发现泽尼克矩描述图像的性能最好. 盛云龙等[5] 在 1994 年证明, 在图像描述中, 特别在描述小图像时, 正交傅里叶–梅林矩性能比泽尼克矩更好. 平子良等[6] 证明切比雪夫–傅里叶矩具有与正交傅里叶–梅林矩同样的性能, 而圆谐–傅里叶矩[8] 在上述所有正交图像矩中性能最好.

如上节所述, 在直角坐标系中计算的图像矩, 只具有缩放不变性, 不具有旋转不变性. 在极坐标系中, 由表 3.1 中所示的各种正交多项式作为径向函数, 以复指数函数 $e^{-jk\theta}$ 作为角向函数, 组合而成的函数系作为基函数, 对图像进行分解得到的图像矩, 由于 $e^{-jk\theta}$ 是正交的, 与正交多项式组成的函数系也是正交的, 由此函数系作为基函数可以得到正交图像矩, 再经过适当的处理, 就可以具有平移、缩放、旋转、密度多畸变不变性. 我们称这种图像矩为正交多畸变不变图像矩.

3.2.1　$e^{jk\theta}$ 函数的正交性

复指数函数 $e^{jk\theta}$ 在 $0 \leqslant \theta \leqslant 2\pi$ 内是正交的:

$$\int_0^{2\pi} e^{jk\theta}e^{-jm\theta}d\theta = 1/(k+m)\int_0^{2\pi} e^{j(k-m)\theta}d(k-m)\theta$$

$$= 1/\mathrm{j}(k+m)\mathrm{e}^{\mathrm{j}(k+m)\theta}|_0^{2\pi} = \begin{cases} 2\pi, & k = m \\ 0, & k \neq m \end{cases} \tag{3.26}$$

一般图像是在直角坐标系中描述和处理的, 可以转换成极坐标图像, 由上述给出的定义, 就可以计算其各种多畸变不变矩. 但是由于在两种坐标系中取样方式不同, 由直角坐标系到极坐标系的转换会造成转换误差, 进而造成图像矩的计算误差, 我们将在第 4 章中讨论在直角坐标系中直接计算极坐标系中矩的方法, 以减少误差. 设直角坐标系中图像为 $f(x,y)$, 极坐标系中图像是 $f(r,\theta)$, 则由坐标变换关系:

$$\begin{cases} x = r\cos\theta, \\ y = r\sin\theta, \end{cases} \qquad \begin{cases} r = \left(x^2 + y^2\right)^{\frac{1}{2}} \\ \theta = \arctan\left(\dfrac{y}{x}\right) \end{cases}$$

可以将直角坐标系中的图像转换为极坐标系中的图像:

$$f(x,y) \xrightarrow[y = r\sin\theta]{x = r\cos\theta} f(r\cos\theta, r\sin\theta)$$

由正交径向多项式 $R(r)$ 和 $\mathrm{e}^{-jm\theta}$ 函数的组合函数系 $P_{km}(r,\theta) = R_k(r)\mathrm{e}^{-jm\theta}$ 也是正交的. 在极坐标系中, 采用正交函数系 $P_{km}(r,\theta)$ 作为基函数, 计算图像矩, 以这样的函数系, 可以得到缩放、旋转、平移、密度多畸变不变矩.

由于基函数系是正交的, 所以这种图像矩是正交的、非冗余的, 可以由这种矩重建图像. 在文献中可以找到以下各种缩放、旋转、平移、密度多畸变不变矩.

3.2.2　正交傅里叶–梅林矩

盛云龙等[5] 于 1994 年提出了正交傅里叶–梅林矩 (orthogonal Fourier-Mellin moment) 的概念. 根据 Teh 于 1988 年提出的按照图像重建误差和噪声特性来评价图像矩的性能[9], 盛云龙等[5] 证明了正交傅里叶–梅林矩的性能, 特别是对小图像的描述性能比泽尼克矩和 Hu 矩好. 正交的傅里叶–梅林矩也开始被应用于图像识别的研究中[10,11]. 正交傅里叶–梅林矩的定义为

$$\Phi_{nm} = \frac{1}{2\pi a_n} \int_0^{2\pi} \int_0^1 f(r,\theta) Q_n(r) \exp(-\mathrm{j}m\theta) r \mathrm{d}r \mathrm{d}\theta \tag{3.27}$$

其中, n 为非负整数, m 为整数, 径向基函数 $Q_n(r)$ 是 r 的 n 阶多项式, 表达式如 (3.27′) 所示, 其前十项随 r 的变化如图 3.1 所示.

$$Q_n(r) = \sum_{s=0}^{n} \alpha_{ns} r^s \tag{3.27'}$$

其中, $\alpha_{ns} = (-1)^{n+s}\dfrac{(n+s+1)!}{(n-s)!s!(s+1)!}$, 为多项式的系数. 在 $0 \leqslant r \leqslant 1$ 的范围内, $Q_n(r)$ 是加权正交的:

$$\int_0^1 Q_n(r)Q_k(r)r\mathrm{d}r = a_n\delta_{nk} \tag{3.28}$$

其中, δ_{nk} 为克罗内克 (Kronecker) 符号, $a_n = 1/[2(n+1)]$ 为归一化因子. 根据径向基函数 $Q_n(r)$ 和角向圆谐因子 $\exp(-jm\theta)$ 的性质, 正交傅里叶–梅林矩的基函数 $Q_n(r)\exp(jm\theta)$ 在单位圆内是正交的:

$$\int_0^{2\pi}\int_0^1 Q_n(r)\exp(jm\theta)Q_k(r)\exp(-jl\theta)r\mathrm{d}r\mathrm{d}\theta = \frac{\pi}{(n+1)}\delta_{nk}\delta_{ml} \tag{3.29}$$

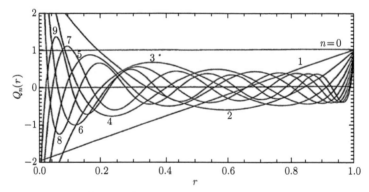

图 3.1　正交傅里叶–梅林矩中的径向多项式, 其中 $n = 0, 1, \cdots, 9$

　　根据正交傅里叶–梅林矩基函数的正交性, 我们可以用正交傅里叶–梅林矩来重构图像函数. 利用有限个正交傅里叶–梅林矩和基函数来近似重构图像的公式为

$$f(r,\theta) \approx \sum_{n=0}^{n_{\max}}\sum_{m=-m_{\max}}^{m_{\max}} \Phi_{nm}Q_n(r)\exp(jm\theta) \tag{3.30}$$

3.2.3　切比雪夫–傅里叶矩

　　切比雪夫–傅里叶矩 (Chebyshev-Fourier moment) 是平子良等[6] 于 2002 年提出的正交多畸变不变图像矩, 可以用来恢复重建图像. 切比雪夫–傅里叶矩本身并不是多畸变不变量, 但是经过适当的变换, 就具有平移、旋转、缩放和密度不变性. 平子良等还证明了从图像描述能力和噪声特性上来评价, 切比雪夫–傅里叶矩

和正交傅里叶–梅林矩具有相同的性能, 优于泽尼克矩和 Hu 矩. 切比雪夫–傅里叶矩的定义为

$$\phi_{nm} = \frac{1}{2\pi} \int_0^{2\pi} \int_0^1 f(r,\theta) R_n(r) \exp(-jm\theta) r \mathrm{d}r \mathrm{d}\theta \tag{3.31}$$

其中, n 为非负整数, m 为整数. 径向基函数 $R_n(r)$ 满足 (3.32) 式, 其随 r 的变化如图 3.2 所示.

$$R_n(r) = \sqrt{\frac{8}{\pi}} \left(\frac{1-r}{r}\right)^{\frac{1}{4}} U_n(r)$$

$$= \sqrt{\frac{8}{\pi}} \left(\frac{1-r}{r}\right)^{\frac{1}{4}} \sum_k^{\lfloor n/2 \rfloor} (-1)^k \frac{(n-k)!}{k!\,(n-2k)!} (4r-2)^{n-2k} \tag{3.32}$$

其中 $U_n(r)$ 为第二类切比雪夫多项式, 在 $0 \leqslant r \leqslant 1$ 范围内是加权正交的:

$$\int_0^1 U_n(r) U_k(r)(r-r^2)\mathrm{d}r = \frac{\pi}{8}\delta_{nk} \tag{3.33}$$

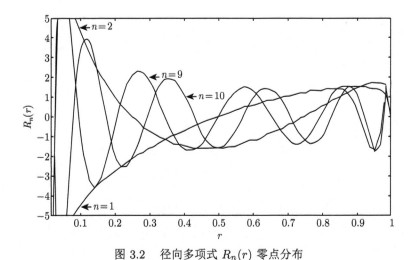

图 3.2　径向多项式 $R_n(r)$ 零点分布

根据式 (3.32) 和式 (3.33), 切比雪夫–傅里叶矩的径向基函数 $R_n(r)$ 在 $0 \leqslant r \leqslant 1$ 范围内是加权正交的:

$$\int_0^1 R_n(r) R_k(r) r \mathrm{d}r = \delta_{nk} \tag{3.34}$$

由切比雪夫–傅里叶矩径向基函数 $R_n(r)$ 和角向圆谐因子 $\exp(-\mathrm{j}m\theta)$ 的性质可得出, 切比雪夫–傅里叶矩的基函数 $P_{nm}(r,\theta) = R_n(r)\exp(\mathrm{j}m\theta)$ 在单位圆内是正交的:

$$\int_0^{2\pi} \int_0^1 P_{nm}(r,\theta) P_{kl}^*(r,\theta) r \mathrm{d}r \mathrm{d}\theta = 2\pi \delta_{nk} \delta_{ml} \tag{3.35}$$

根据正交函数理论, 可以利用有限个切比雪夫–傅里叶矩近似重构图像:

$$f(r,\theta) = \sum_{n=0}^{n_{\max}} \sum_{m=-m_{\max}}^{m_{\max}} \phi_{nm} R_n(r) \exp(\mathrm{j}m\theta) \tag{3.36}$$

3.2.4   泽尼克矩

泽尼克矩 (Zernike moment) 不变量具有旋转、缩放和平移不变性, 而且泽尼克矩是正交的, 可以用来重建图像. 泽尼克矩的基函数为

$$V_{nm}(x,y) = V_{nm}(r\cos\theta, r\sin\theta) = R_{nm}(r)\exp(\mathrm{j}m\theta) \tag{3.37}$$

其中 n 为非负整数, m 为满足 $n-|m|$ 是偶数, 且 $|m| \leqslant n$ 的整数. r 表示从原点到 (x,y) 点的向量长度, θ 表示向量 r 与 x 轴之间的夹角. 泽尼克矩的径向基函数 $R_{nm}(r)$ 为泽尼克多项式:

$$\begin{aligned} R_{nm}(r) &= \sum_{s=0}^{\frac{n-|m|}{2}} (-1)^s \frac{(n-s)!}{s!\left(\dfrac{n+|m|}{2}-s\right)!\left(\dfrac{n-|m|}{2}-s\right)!} r^{(n-2s)} \\ &= \sum_{k=|m|,\, n-k\text{为偶数}}^{n} (-1)^{\frac{n-k}{2}} \frac{\left(\dfrac{n+k}{2}\right)!}{\left(\dfrac{n-k}{2}\right)!\left(\dfrac{m+k}{2}\right)!\left(\dfrac{k-m}{2}\right)!} r^k \end{aligned} \tag{3.38}$$

$R_{nm}(r)$ 满足 $R_{nm}(r) = R_{n,-m}(r)$, 当 n 和 m 取不同数值时, 就是不同阶的泽尼克多项式. 图 3.3 是泽尼克多项式的图形, 横坐标是 r, 变化范围是 $0 \leqslant r \leqslant 1$, 纵坐标是泽尼克多项式的值 $R_{nm}(r)$.

图 3.3(a) 为 $n=10, m=0,2,4,6,8,10$ 时六个泽尼克多项式图形, 图 3.3(b) 为 $m=0, n=0,2,4,6,8,10,12,14,16,18$ 时十个泽尼克多项式图形.

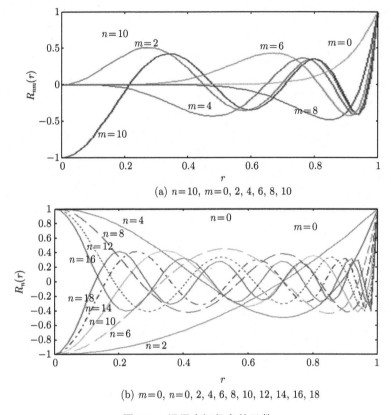

(a) $n=10$, $m=0, 2, 4, 6, 8, 10$

(b) $m=0$, $n=0, 2, 4, 6, 8, 10, 12, 14, 16, 18$

图 3.3 泽尼克矩径向基函数

泽尼克多项式在 $0 \leqslant r \leqslant 1$ 范围内是加权正交的:

$$\int_0^1 R_{nm}(r)R_{lm}(r)r\mathrm{d}r = \frac{1}{2(n+1)}\delta_{nl} \tag{3.39}$$

根据上式可知, 当 m 相同时, $\{R_{nm}(r)\}$ 是正交的. 为了进一步了解泽尼克矩的基函数, 图 3.4 给出了另外两组正交的泽尼克矩径向函数图形, 横坐标是 r, 变化范围是 $0 \leqslant r \leqslant 1$, 纵坐标是泽尼克多项式在 r 点的值 $R_{nm}(r)$. 图 3.4(a) 和 (b) 分别给出了 $m = 0, n = 10, 12, 14, 16, 18, 20, 22, 24, 26, 28$ 的一组正交径向函数和 $m = 10, n = 10, 12, 14, 16, 18, 20, 22, 24, 26, 28$ 的一组正交径向函数.

由泽尼克多项式和复指数因子 $\exp(-jm\theta)$ 组成的基函数 $V_{nm}(x, y)$ 在单位圆内也是正交的:

$$\int\!\!\int_{x^2+y^2 \leqslant 1} V_{nm}(x, y)V_{pq}^*(x, y)\mathrm{d}x\mathrm{d}y = \frac{\pi}{n+1}\delta_{np}\delta_{mq} \tag{3.40}$$

极坐标下的表达式为

$$\int_0^1 \int_0^{2\pi} V_{nm}(r,\theta) V_{pq}^*(r,\theta) r \mathrm{d}r \mathrm{d}\theta = \frac{\pi}{n+1} \delta_{np} \delta_{mq} \tag{3.41}$$

由以上公式, 泽尼克泽尼克矩的定义为

$$Z_{nm} = \frac{n+1}{\pi} \int\!\!\int_{x^2+y^2 \leqslant 1} f(x,y) V_{nm}^*(x,y) \mathrm{d}x \mathrm{d}y \tag{3.42}$$

$$Z_{nm} = \frac{n+1}{\pi} \int_0^1 \int_0^{2\pi} f(r,\theta) V_{nm}^*(r,\theta) r \mathrm{d}r \mathrm{d}\theta \tag{3.43}$$

其中, 式 (3.42) 是泽尼克矩在直角坐标下的定义, 式 (3.43) 是泽尼克矩在极坐标下的定义.

由图 3.3 和图 3.4 中的几幅泽尼克多项式随径向距离的分布图可以看出, 不同级次的泽尼克多项式第一个零点位置离坐标原点都比较远, 泽尼克矩在图像的中心位置附近取样不足, 因此描述小图像的性能不好.

根据正交函数理论, 可以用有限个泽尼克矩近似重构图像. 式 (3.44) 是直角坐标下近似重构公式, 式 (3.45) 是极坐标下近似重构公式:

$$f(x,y) \approx \sum_{n=0}^{n_{\max}} \sum_m Z_{nm} V_{nm}(x,y) \tag{3.44}$$

$$f(r,\theta) \approx \sum_{n=0}^{n_{\max}} \sum_m Z_{nm} V_{nm}(r,\theta) \tag{3.45}$$

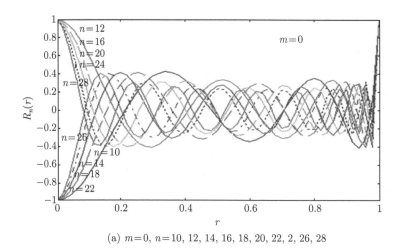

(a) $m=0$, $n=10, 12, 14, 16, 18, 20, 22, 2, 26, 28$

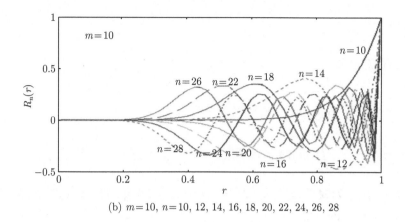

(b) $m=10$, $n=10$, 12, 14, 16, 18, 20, 22, 24, 26, 28

图 3.4 两组正交的泽尼克矩径向函数

3.2.5 雅可比–傅里叶矩

雅可比–傅里叶矩 (Jacobi-Fourier moment, JFM) 是平子良等[7] 于 2007 年提出的正交多畸变不变图像矩, 它可以用来重构图像, 通过改变它的径向基函数中的两个参数 p 和 q, 可以生成勒让德傅里叶矩、切比雪夫–傅里叶矩、正交傅里叶–梅林矩、泽尼克矩和伪泽尼克矩等.

3.2.5.1 雅可比–傅里叶矩定义

雅可比–傅里叶矩定义在极坐标系下, 它的基函数 $P_{nm}(r,\theta)$ 由两部分组成: 径向函数 $J_n(p,q,r)$ 和角向函数 $\exp(-\mathrm{j}m\theta)$, 即

$$P_{nm}(r,\theta) = J_n(p,q,r)\mathrm{e}^{-\mathrm{j}m\theta} \tag{3.46}$$

其中, n 和 m 是整数. 在这一节中字符 j 表示虚数单位. r 的取值范围为 $0 \leqslant r \leqslant 1$, θ 的取值范围为 $0 \leqslant \theta \leqslant 2\pi$. $P_{nm}(r,\theta)$ 在单位圆内是正交的:

$$\int_0^{2\pi}\int_0^1 P_{nm}(r,\theta)P_{kl}^*(r,\theta)r\mathrm{d}r\mathrm{d}\theta = a\delta_{nk}\delta_{ml} \tag{3.47}$$

其中, $\delta_{nk}\delta_{ml}$ 是克罗内克符号, a 为归一化常数. 径向函数 $J_n(p,q,r)$ 在 $0 \leqslant r \leqslant 1$ 的范围内加权正交:

$$\int_0^1 J_n(p,q,r)J_k(p,q,r)r\mathrm{d}r = \delta_{nk} \tag{3.48}$$

径向函数 $J_n(p,q,r)$ 由雅可比多项式关于 r 的函数组成. 首先分析雅可比多项式的表达式和性质, 从而得出满足 (3.49) 的径向函数的表达式. 雅可比多项式

的表达式为

$$G_n(p,q,r) = \frac{(n+q-1)!}{(2n+p-1)!} \sum_{k=0}^{n} (-1)^{n-k} \begin{pmatrix} n \\ k \end{pmatrix} \frac{(n+p+k-1)!}{(k+q-1)!} r^k \tag{3.49}$$

在 $0 \leqslant r \leqslant 1$ 内, $G_n(p,q,r)$ 是加权正交的:

$$\int_0^1 G_n(p,q,r) G_k(p,q,r) W(p,q,r) dr = b_n \delta_{nk} \tag{3.50}$$

其中 $W(p,q,r)$ 为权重因子, b_n 为归一化常数. 根据雅可比多项式的性质, 可得到 $W(p,q,r)$ 和 b_n 的表达式:

$$W(p,q,r) = (1-r)^{p-q} r^{q-1} \tag{3.51}$$

$$b_n = \frac{n!(n+p-1)!(n+q-1)!(n+p-q+1)!}{(2n+p)[(2n+p-1)!]^2} \tag{3.52}$$

由式 (3.48)~(3.52) 可得出雅可比–傅里叶矩的径向函数 $J_n(p,q,r)$ 的表达式:

$$J_n(p,q,r) = \sqrt{\frac{W(p,q,r)}{b_n(p,q)r}} G_n(p,q,r) \tag{3.53}$$

根据上述分析可知, 在极坐标系下雅可比–傅里叶矩的基函数在单位圆内是正交的, 根据式 (3.46)~(3.48) 可知, 其归一化常数 a 的值为 2π. 根据函数正交理论, 一个定义在单位圆内的图像函数 $f(r,\theta)$ 可以展开为雅可比–傅里叶矩的基函数的级数:

$$f(r,\theta) = \sum_{n=0}^{\infty} \sum_{m=-\infty}^{\infty} \phi_{nm} J_n(r) \exp(\mathrm{j}m\theta) \tag{3.54}$$

其中, ϕ_{nm} 是展开式的系数, 也就是图像函数 $f(r,\theta)$ 的雅可比–傅里叶矩:

$$\phi_{nm}(p,q) = \frac{1}{2\pi} \int_0^{2\pi} \int_0^1 f(r,\theta) J_n(p,q,r) \exp(-jm\theta) r \mathrm{d}r \mathrm{d}\theta \tag{3.55}$$

定义 ϕ_{nm} 为雅可比–傅里叶矩. $J_n(p,q,r)$ 满足正交条件. 将不同的参数 p,q 代入 $J_n(p,q,r)$ 的表达式中, 即可得到变形的正交雅可比径向多项式:

当 $p=q=2$ 时,

$$J_n(2,2,r) = (-1)^n \sum_{s=0}^{n} (-1)^s \frac{(n+s+1)!}{(n-s)!s!(s+1)!} r^s \tag{3.56}$$

当 $p = 3, q = 2$ 时,

$$J_n(3,2,r) = (-1)^n \sqrt{\frac{(1-r)(2n+3)}{(n+1)(n+2)}} \sum_{s=0}^{n} (-1)^s \frac{(n+s+2)!}{(n-s)!s!(s+1)!} r^s \quad (3.57)$$

当 $p = q = 3$ 时,

$$J_n(3,3,r) = (-1)^n \sqrt{(2n+3)r} \sum_{s=0}^{n} (-1)^s \frac{(n+s+2)!}{(n-s)!s!(s+2)!} r^s \quad (3.58)$$

径向函数零点的数目和位置代表该图像矩对图像的抽样频率和抽样位置. 图 3.5 给出 $J_n(2,2,r)$ 和 $J_n(3,2,r)$ 在 $0 \leqslant r \leqslant 1$ 的范围内的变化. 可以看出, 与泽尼克多项式不同[9], $J_n(p,q,r)$ 在 $(0,1)$ 区间内有均匀分布的 n 个零点, 第一个零点达到或非常接近坐标原点 (图像中心) 很适合于描述小图像; 图像从中心到边缘各处对于矩的贡献是相同的, 因此雅可比–傅里叶矩对于小图像有很强的图像描述能力.

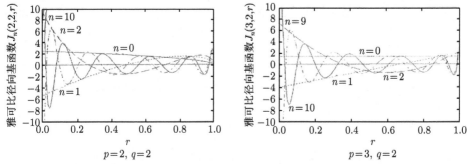

图 3.5 不同参数的雅可比–傅里叶矩的径向函数 $(0 \leqslant r \leqslant 1)$

雅可比–傅里叶矩本身不是畸变不变量, 但是经过适当的归一化处理, 可获得平移、旋转、缩放和灰度畸变不变性. 第一, 计算图像一阶几何矩, 获得图像中心, 作为坐标系原点, 在此坐标系中计算的所有矩, 都具有平移不变性. 第二, 由于雅可比–傅里叶矩的角向函数为 $e^{jm\theta}$, 将图像旋转角度 φ 后, 所有矩 ϕ'_{nm} 都增加相同的相位因子 $e^{jm\varphi}$, 雅可比–傅里叶矩的模 $|\phi'_{nm}|$ 是旋转不变的. 第三, 计算训练集中每幅图像的低阶傅里叶–梅林矩的 $\frac{M_{10}^i}{M_{00}^i}$, 选择确定值 $\frac{M_{10}}{M_{00}}$, 使之略小于 $\frac{M_{10}^i}{M_{00}^i}$ 中的最小值, 按以下两式计算每幅图像的尺度和灰度畸变因子 k_i, g_i:

$$k_i = \left(\frac{M_{10}^i}{M_{00}^i}\right) \Big/ \left(\frac{M_{10}}{M_{00}}\right) \quad (3.59)$$

$$g_i = \left[\left(\frac{M_{10}}{M_{00}} \right) \bigg/ \left(\frac{M_{10}^i}{M_{00}^i} \right) \right]^2 \cdot \frac{M_{00}^i}{M_{00}} \tag{3.60}$$

按公式 (3.61) 和 (3.62) 计算训练集中所有图像的 Φ_{nm}, 它是尺度和灰度畸变不变的.

$$\phi_{nm}^i = \int_0^{2\pi} \int_0^{k_i} g_i f \left(r/k_i, \theta \right) P_n \left(r/k_i \right) \mathrm{e}^{-\mathrm{j}m\theta} r \mathrm{d}r \mathrm{d}\theta \tag{3.61}$$

$$\Phi_{nm}^i = \phi_{nm}^i / g_i k_i^2 \tag{3.62}$$

经过以上步骤的处理, 所得到的 Φ_{nm}^i, 就是第 i 幅图像的位移、旋转、尺度、密度多畸变不变矩.

3.2.5.2　雅可比–傅里叶矩重建图像和性能分析

根据函数正交理论, 使用有限数目的雅可比–傅里叶矩可以近似重建原图像函数 $f(r,\theta)$, 所用项数越多, 近似程度越高:

$$\widehat{f}(r,\theta) \approx \sum_{n=0}^{N} \sum_{m=-M}^{M} \phi_{nm} J_n(r) \exp(\mathrm{j}m\theta) \tag{3.63}$$

其中, $\widehat{f}(r,\theta)$ 为重建图像.

对无噪声确定图像进行重建, 归一化图像重建误差 (normalized image reconstruction error, NIRE) 定义为

$$\varepsilon^2 = \frac{\displaystyle\int\int_{-\infty}^{+\infty} [f(x,y) - \widehat{f}(x,y)]^2 \mathrm{d}x\mathrm{d}y}{\displaystyle\int\int_{-\infty}^{+\infty} f^2(x,y)\mathrm{d}x\mathrm{d}y} \tag{3.64}$$

如果图像 $f(x,y)$ 为均匀随机图像, 其统计性重建误差 (statistical NIRE) 定义如 (3.65) 所示, 是评价图像重建质量的重要指标[14].

$$\overline{\varepsilon^2} = \frac{E\left\{ \displaystyle\int\int_{-1}^{1} [f(x,y) - \widehat{f}(x,y)]^2 \mathrm{d}x\mathrm{d}y \right\}}{E\left\{ \displaystyle\int\int_{-1}^{1} [f(x,y)]^2 \mathrm{d}x\mathrm{d}y \right\}} \tag{3.65}$$

图 3.6 表示对于没有噪声图像, 不同参数的雅可比–傅里叶矩重建图像, 随着所用雅可比–傅里叶矩级数增加而图像重建误差逐渐减小的情况.

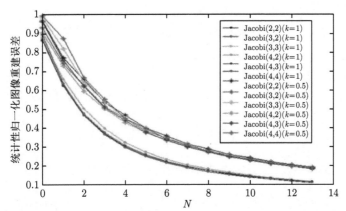

图 3.6 具有不同参数的雅可比–傅里叶矩对于均匀随机图像的统计重建误差 (扫封底二维码可见彩图)

图 3.7 表示由雅可比–傅里叶矩重建的两种不同大小的字母 "E", 重建大图像 "E6"(128×128) 和重建小图像 "E3"(64×64).

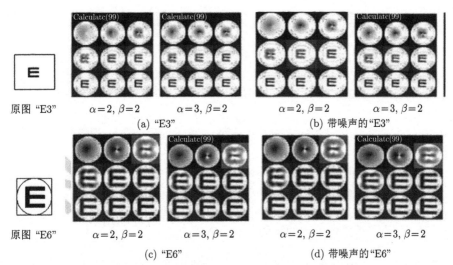

图 3.7 由雅可比–傅里叶矩的 "E" 重建图像, 其中 $N = M = 2, 3, 5, 7, 10, 12, 15, 17, 20$

从图像重建过程可以看出: 随着所用雅可比–傅里叶矩的级数的增多, 图像重建误差越小, 越来越接近原图像. 即使小图像, 也能用较少的雅可比–傅里叶矩很好地重建. 甚至带有噪声的灰度图像也可以很好地重建.

下面分析其噪声特性. 假设图像 $f(x, y)$ 是一个均值为零的均匀随机场, 叠加了一个均值为 0、方差为 σ^2 的白噪声. 雅可比–傅里叶矩的统计性信噪比 (SNR) 可定义为

$$\mathrm{SNR}_{nm} = \frac{\mathrm{var}\{(\Phi_{nm})_f\}}{\mathrm{var}\{(\Phi_{nm})_{\mathrm{noise}}\}} = \frac{1}{\sigma^2}\mathrm{var}\{(\Phi_{nm})_f\} \tag{3.66}$$

其中, 随机信号 $f(x,y)$ 的雅可比–傅里叶矩的方差为

$$\mathrm{var}\{(\Phi_{nm})_f\} = \int_0^{2\pi}\int_0^k\int_0^{2\pi}\int_0^k C_{ff}(x,y,u,v)Q_n(r)Q_n(\rho)$$
$$\times \cos[m(\theta - \phi)]r\mathrm{d}r\mathrm{d}\theta\rho\mathrm{d}\rho\mathrm{d}\phi \tag{3.67}$$

$$C_{ff}(x,y,u,v) = C_{ff}(0,0)\exp\{-\alpha[(x-u)^2 + (y-v)^2]^{1/2}\} \tag{3.68}$$

$$C_{ff}(0,0) = E\{[f(x,y)]^2\} = \frac{1}{\pi k^2}\int_0^{2\pi}\int_0^k [f(r,\theta)]^2 r\mathrm{d}r\mathrm{d}\theta \tag{3.69}$$

α 是实验性参数, k 是图像的尺度因子, $E\{\cdot\}$ 是数学期望.

实验证明, 随着径向函数零点数目的增加, 统计性信噪比降低. 使用上述噪声图像的有限数量的低阶雅可比–傅里叶矩重建噪声图像, 则统计性归一化图像重建误差为

$$\begin{aligned}
\overline{\varepsilon_n^2}(N,M) &= \frac{E\left\{\displaystyle\int\int_{-1}^1 [f(x,y) - \widehat{f}(x,y) - \widehat{n}(x,y)]^2\mathrm{d}x\mathrm{d}y\right\}}{E\left\{\displaystyle\int\int_{-1}^1 [f(x,y)]^2\mathrm{d}x\mathrm{d}y\right\}}\\
&= \overline{\varepsilon^2}(N,M) + \frac{E\left\{\displaystyle\int_0^{2\pi}\int_0^1 [\widehat{n}(r,\theta)]^2 r\mathrm{d}r\mathrm{d}\theta\right\}}{E\{[f(r,\theta)]^2 r\mathrm{d}r\mathrm{d}\theta\}}\\
&= \overline{\varepsilon^2}(N,M) + \frac{N_{\mathrm{total}}}{\pi\mathrm{SNR}_{\mathrm{input}}} \tag{3.70}
\end{aligned}$$

其中, N_{total} 是在重建中使用的矩的总数, $\mathrm{SNR}_{\mathrm{input}} = \dfrac{k^2 C_{ff}(0,0)}{\sigma^2}$.

图 3.8 显示了使用雅可比–傅里叶矩对噪声图像重建后的统计性 NIRE $\overline{\varepsilon_n^2}$ 与矩的数目的关系 ($k = 1, 0.5$; $\mathrm{SNR}_{\mathrm{input}} = 100$).

由图 3.8 知, 对于噪声图像的雅可比–傅里叶矩重建图像, 开始随所用雅可比–傅里叶矩数量的增加, 重建误差逐步减小, 在某个雅可比–傅里叶矩数量时达到最小. 此后, 重建误差实则随雅可比–傅里叶矩数量增加而增大.

图 3.9 表示使用不同参数的雅可比–傅里叶矩重建噪声图像, 不同的信噪比对重建图像的影响, 所用雅可比–傅里叶矩都是 7 级. 其中 (a) 表示信噪比分别等于 $\infty, 100, 10, 1, 0.1$ 的噪声图像; (b) 表示 $p = 2, q = 2$ 的雅可比–傅里叶矩重建图像;

(c) 表示 $p = 2, q = 3$ 的雅可比–傅里叶矩重建图像; (d) 表示 $p = 3, q = 3$ 的雅可比–傅里叶矩重建图像. 由图中可以看出, 不同参数的雅可比–傅里叶矩都可以很好地重建图像, 重建效果十分近似, 即使在很低信噪比情况下, 也能较好地重建图像, 说明雅可比–傅里叶矩具有很强的抗噪声能力.

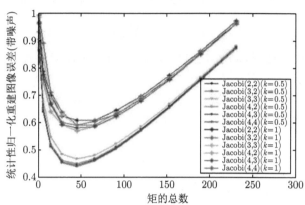

图 3.8　具有不同参数的雅可比–傅里叶矩对于噪声均匀随机图像 (SNR = 100) 的统计重建误差 (扫封底二维码可见彩图)

图 3.9　噪声对雅可比–傅里叶矩重建图像的影响

3.2.5.3　雅可比–傅里叶矩与其他各种正交矩的关系

按照正交函数理论[1], 两类雅可比多项式之间有以下关系:

$$P_n^{(p,q)}(r) = \frac{\Gamma(2n + p + q + 1)}{n!\Gamma(n + p + q + 1)} G_n\left(p + q + 1, q + 1, \frac{r + 1}{2}\right) \tag{3.71}$$

式 (3.71) 中 $\Gamma(\cdot)$ 是伽马函数.

各种正交多项式都与雅可比多项式 $P_n^{(p,q)}(r)$ 之间有一定的关系, 通过 (3.71) 式, 可以建立起各种正交多项式与 $G_n(p,q,r)$ 之间的关系. 其他多项式是雅可比多项式 $G_n(p,q,r)$ 取不同参数的特殊形式.

1) 勒让德多项式

按照正交理论, 勒让德多项式和雅可比多项式之间关系如下:

$$P_n(r) = P_n^{(0,0)}(r) \tag{3.72}$$

$P_n(r)$ 是 n 阶勒让德多项式, $P_n^{(p,q)}(r)$ 是 n 阶雅可比多项式, p,q 是它的两个参数.

比较 (3.71) 和 (3.72) 两式, 并令 $p=0$, $q=0$, 则可得到勒让德多项式和雅可比多项式之间的关系如下:

$$P_n(r) = P_n^{(0,0)}(r) = \frac{\Gamma(2n+1)}{n!\Gamma(n+1)} G_n\left(1,1,\frac{r+1}{2}\right) \tag{3.73}$$

$\Gamma(\cdot)$ 是伽马函数. 按照勒让德多项式的一般表达式,

$$P_n(r) = \frac{1}{2^n} \sum_{m=0}^{\left[\frac{n}{2}\right]} (-1)^n \binom{n}{m} \binom{2n-2m}{n} r^{n-2m} \tag{3.74}$$

计算前 5 项低阶勒让德多项式如下:

$$P_1(r) = r, \quad P_2(r) = \frac{3}{2}r^2 - \frac{1}{2}$$

$$P_3(r) = \frac{5}{2}r^3 - \frac{3}{2}r, \quad P_4(r) = \frac{35}{8}r^4 - \frac{30}{8}r^2 + \frac{3}{8}$$

$$P_5(r) = \frac{63}{8}r^5 - \frac{70}{8}r^3 + \frac{15}{8}r$$

计算 $p=1, q=1$, 即

$$\frac{\Gamma(2n+1)}{n!\Gamma(n+1)} G_n\left(1,1,\frac{r+1}{2}\right)$$

$$= \frac{1}{n!} \sum_{m=0}^{n} (-1)^m \binom{n}{m} \frac{\Gamma(2n+1-m)}{\Gamma(n+1-m)} \left(\frac{r+1}{2}\right)^{n-m} \tag{3.75}$$

时的前 5 项低阶变形的雅可比多项式如下:

$$G_1'\left(1,1,\frac{r+1}{2}\right) = r, \quad G_2'\left(1,1\frac{r+1}{2}\right) = \frac{3}{2}r^2 - \frac{1}{2}$$

$$G_3'\left(1,1,\frac{r+1}{2}\right) = \frac{5}{2}r^3 - \frac{3}{2}, \quad G_4'\left(1,1\frac{r+1}{2}\right) = \frac{35}{8}r^4 - \frac{30}{8}r^2 + \frac{3}{8}$$

$$G'_5\left(1,1,\frac{r+1}{2}\right)=\frac{63}{8}r^5-\frac{70}{8}r^3+\frac{15}{8}r$$

当 $p=1,q=1$ 时, 变形雅可比多项式就是勒让德多项式, 两者由公式 (3.73) 相联系. 因此, 雅可比–傅里叶矩就成为勒让德–傅里叶矩.

2) 切比雪夫多项式

按照正交理论, 切比雪夫多项式和雅可比多项式之间关系如下:

$$U_n(r)=\frac{(n+1)!\sqrt{\pi}}{2\Gamma(n+3/2)}P_n^{(1/2,1/2)}(r) \tag{3.76}$$

$U_n(r)$ 是第二类 n 阶切比雪夫多项式, $P_n^{(1/2,1/2)}(r)$ 是 n 阶雅可比多项式, 参数为 $p=1/2$, $q=1/2$. 把公式 (3.71) 代入公式 (3.76), 并应用伽马函数的性质得到

$$U_n(r)=\frac{(n+1)(2n+1)!\sqrt{\pi}}{2(n+1)!\Gamma(n+3/2)}G_n(2,3/2,(r+2)/2)=2^{2n}G_n[2,3/2,(r+1)/2] \tag{3.77}$$

按照切比雪夫多项式的一般表达式,

$$U_n(r)=\sum_{m=0}^{n/2}(-1)^n\frac{(n-m)!}{m!(n-2m)!}(2r)^{n-2m} \tag{3.78}$$

计算前 5 项低阶切比雪夫多项式如下:

$$U_1(r)=2r,\quad U_2(r)=4r^2-1$$
$$U_3(r)=8r^3-4r,\quad U_4(r)=16r^4-12r^2+1$$
$$U_5(r)=32r^5-32r^3+6r$$

按照一般表达式, 计算 $p=2,q=3/2$ 时, 即

$$2^{2n}G_n(2,3/2,(r+1)/2)$$
$$=2^{2n}\frac{\Gamma(n+3/2)}{\Gamma(2n+2)}\sum_{m=0}^n(-1)^n\binom{n}{m}\frac{\Gamma(2n+2-m)}{\Gamma(n+3/2-m)}r^{n-m} \tag{3.79}$$

时的前 5 项低阶变形的雅可比多项式如下:

$$G'_1(r)=2r,\quad G'_2(r)=4r^2-1$$
$$G'_3(r)=8r^3-4r,\quad G'_4(r)=16r^4-12r^2+1$$
$$G'_5(r)=32r^5-32r^3+6r$$

可以看出, 当 $p = 2, q = 3/2$ 时, 变形雅可比多项式就是切比雪夫多项式, 两者由公式 (3.77) 相联系. 因此, 雅可比–傅里叶矩就成为切比雪夫–傅里叶矩.

3) 正交梅林多项式

可以看出, 当 $p = 2, q = 2$ 时, 变形雅可比多项式与参考文献 [5] 中定义的正交傅里叶–梅林多项式完全一致. 因此, 当 $p = 2, q = 2$ 时, 雅可比–傅里叶矩就是正交傅里叶–梅林矩.

4) 泽尼克多项式和变形泽尼克多项式

在参考文献 [5] 的附录中, 给出了泽尼克多项式和变形泽尼克多项式与雅可比多项式之间的关系:

$$R_{m+2s}^{|m|}(r) = (-1)^{m+2s} \binom{m+s}{s} r^m G_s\left(m+1, m+1, r^2\right) \tag{3.80}$$

$$P_{m+s}^{|m|}(r) = (-1)^s \binom{2m+s+1}{s} r^m G_s\left(2m+2, 2m+2, r\right) \tag{3.81}$$

$R_{m+2s}^{|m|}(r)$ 是泽尼克多项式, $P_{m+s}^{|m|}(r)$ 是变形泽尼克多项式. 由公式 (3.80) 和 (3.81), 可以看出是泽尼克多项式和变形泽尼克多项式就是雅可比多项式的特殊情况. 因此泽尼克矩和变形泽尼克矩也是雅可比–傅里叶矩的一种特殊情况.

3.2.5.4　结论

雅可比–傅里叶矩是广义正交图像矩, 这种矩的基函数由径向雅可比多项式和角向复指数因子 $\exp\left(-jm\theta\right)$ 组成. 改变雅可比多项式的两个参数, 就形成不同参数的雅可比–傅里叶矩, 如切比雪夫–傅里叶矩、正交傅里叶–梅林矩、泽尼克矩和变形泽尼克矩等等. 雅可比–傅里叶矩为这一类以正交多项式为径向函数以复指数因子 $\exp\left(-jm\theta\right)$ 为角向函数的图像矩提供了一个通用的理论表达形式. 这一类正交图像矩具有大致类似的性质, 通过对一般的理论公式的研究和优化, 可以得到图像描述和抗噪声性能最优的图像矩. 经过适当步骤, 可以将这种矩处理成位移、缩放、旋转、密度多畸变不变的图像特征. 由于正交性, 雅可比–傅里叶矩可以很好地重建原图像. 通过图像重建实验, 以及对图像重建误差和信噪比特性的理论分析, 可以证明雅可比傅里叶矩具有很强的图像描述能力和抗噪声能力.

3.2.6　圆谐–傅里叶矩

圆谐–傅里叶矩 (radial-Harmonic-Fourier moment)[8] 是任海萍和平子良等在 2003 年提出的正交图像矩. 在极坐标系下, 由径向圆谐函数 $T_n(r)$(正弦和余弦函数) 和角向复指数因子 $\exp\left(-jm\theta\right)$ 组成基函数 $P_{nm}(r, \theta)$, 对图像进行分解, 计算圆谐–傅里叶矩. 根据正交函数理论, 径向圆谐函数 $T_n(r)$ 和角向复指数因子

$\exp(-\mathrm{j}m\theta)$ 分别都是正交函数, 由它们组成的基函数 $P_{nm}(r,\theta)$ 也是正交函数. 根据函数完整性理论, 圆谐–傅里叶矩可以用来恢复重建图像函数. 圆谐–傅里叶矩本身不是多畸变不变量, 经过适当处理, 可以得到圆谐–傅里叶矩具有平移、缩放、旋转多畸变不变性. 圆谐–傅里叶矩基函数是

$$P_{nm}(r,\theta) = T_n(r)\exp(\mathrm{j}m\theta) \tag{3.82}$$

其中 n 为非负整数, m 为整数, r 的取值范围为 $0 \leqslant r \leqslant 1$, θ 的取值范围为 $0 \leqslant \theta \leqslant 2\pi$. 径向圆谐基函数 $T_n(r)$ 由正交完备的三角函数系构成:

$$T_n(r) = \begin{cases} \sqrt{\dfrac{1}{r}}, & \text{当 } n = 0 \\[2mm] \sqrt{\dfrac{2}{r}}\sin(n+1)\pi r, & \text{当 } n \text{ 是奇数} \\[2mm] \sqrt{\dfrac{2}{r}}\cos(n)\pi r, & \text{当 } n \text{ 是偶数} \end{cases} \tag{3.83}$$

图 3.10 给出了径向圆谐函数分布, 随 r 增大而衰减的正弦、余弦曲线.

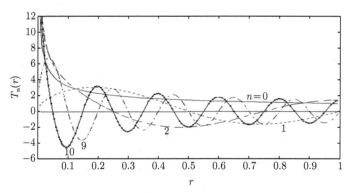

图 3.10　径向圆谐函数 $T_n(r)$ 分布

在 $0 \leqslant r \leqslant 1$ 内, 径向函数 $T_n(r)$ 是加权正交的:

$$\int_0^1 T_n(r)T_m(r)r\mathrm{d}r = \delta_{nm} \tag{3.84}$$

根据上式和角向复指数因子 $\exp(-\mathrm{j}m\theta)$ 的性质, 圆谐–傅里叶矩的基函数 $P_{nm}(r,\theta)$ 在单位圆 $0 \leqslant r \leqslant 1, 0 \leqslant \theta \leqslant 2\pi$ 内是正交的, 即

$$\int_0^{2\pi}\int_0^1 P_{nm}(r,\theta)P_{kl}^*(r,\theta)r\mathrm{d}r\mathrm{d}\theta = 2\pi\delta_{nk}\delta_{ml} \tag{3.85}$$

　　圆谐–傅里叶矩实际就是将图像函数投影在圆谐–傅里叶矩的基函数上得到的系数, 它在极坐标下的表达式可写为

$$\phi_{nm} = \frac{1}{2\pi} \int_0^{2\pi} \int_0^1 f(r,\theta) T_n(r) \exp(-\mathrm{j}m\theta) r \mathrm{d}r \mathrm{d}\theta \tag{3.86}$$

ϕ_{nm} 是图像函数 $f(r,\theta)$ 的圆谐–傅里叶矩. 可根据正交函数理论由有限个圆谐–傅里叶矩可以近似重构图像函数:

$$f(r,\theta) \approx \sum_{n=0}^{n_{\max}} \sum_{m=-m_{\max}}^{m_{\max}} \phi_{nm} T_n(r) \exp(\mathrm{j}m\theta) \tag{3.87}$$

　　根据数学理论, 圆谐函数 (正弦函数和余弦函数) 可以展开成无穷多项指数函数的代数和, 是无穷多项数的多项式. 与有限项数的正交多项式比较, 在图像径向抽样的信息量更丰富. 因此, 理论上可以预见, 圆谐–傅里叶矩比由多项式径向函数和角向傅里叶因子 $\exp(-\mathrm{j}m\theta)$ 组成的基函数的矩 (如雅可比–傅里叶矩) 具有更优越的性能. 任海萍等的实验证明: 圆谐–傅里叶矩比正交多项式为径向函数、复指数因子 $\exp(-\mathrm{j}m\theta)$ 为角向函数组成的基函数的正交图像矩 (如雅可比–傅里叶矩) 有更强的图像描述能力[8].

3.2.7　复指数矩

　　圆谐–傅里叶矩的基函数由径向正弦和余弦函数系以及角向复指数函数 $\exp(-\mathrm{j}m\theta)$ 组成. 根据欧拉公式, 正弦函数和余弦函数可以表示成复指数函数的形式, 同角向函数的复指数函数合并, 组成二元的复指数函数, 作为基函数, 对图像进行分解, 就构成复指数矩 (complex exponential moment, CEM). 由于复指数矩的基函数是二元复指数, 因此可以用快速傅里叶变换进行计算, 提高算法的效率. 在圆谐–傅里叶矩的径向函数 $T_n(r)$ 的表达式 (3.83) 中, 利用复指数函数 $\mathrm{e}^{\mathrm{j}2k\pi r}$ 代替正弦和余弦函数, 根据欧拉公式[12]:

$$\mathrm{e}^{\mathrm{j}2k\pi r} = \cos 2k\pi r + \mathrm{j}\sin 2k\pi r \tag{3.88}$$

可以将径向基函数表示为

$$A_k(r) = \sqrt{\frac{2}{r}} \exp(\mathrm{j}2k\pi r), \quad k = -\infty, \cdots, 0, \cdots, +\infty \tag{3.89}$$

其中, k 的取值范围是所有整数, r 的取值范围为 $0 \leqslant r \leqslant 1$, 基函数系 $A_k(r)$ 在 $0 \leqslant r \leqslant 1$ 内是正交的:

$$\int_0^1 A_k(r) A_d(r) r \mathrm{d}r = 2\delta_{kd} \tag{3.90}$$

而角向函数仍为复指数因子 $\exp(\mathrm{j}m\theta)$, 得到复指数基函数:

$$Q_{km}(r,\theta) = A_k(r)\exp(\mathrm{j}m\theta) \tag{3.91}$$

图像函数 $f(r,\theta)$ 可以 $Q_{km}(r,\theta)$ 为基函数展开, 计算其展开系数 E_{km}, 则得到 (k,m) 阶复指数矩, 定义表达式如下:

$$E_{km} = \frac{1}{4\pi}\int_0^{2\pi}\int_0^1 f(r,\theta)A_k^*(r)\exp(-\mathrm{j}m\theta)r\mathrm{d}r\mathrm{d}\theta \tag{3.92}$$

$$\begin{aligned}
E_{mn} &= \frac{1}{2\pi}\int_0^{2\pi}\int_0^1 f(r,\theta)Q_n(r)\exp(-\mathrm{j}m\theta)r\mathrm{d}r\mathrm{d}\theta \\
&= \frac{1}{2\pi}\int_0^{2\pi}\int_0^1 f(r,\theta)\sqrt{\frac{1}{r}}\exp(-\mathrm{j}2n\pi r)\exp(-\mathrm{j}m\theta)r\mathrm{d}r\mathrm{d}\theta \\
&= \frac{1}{2\pi}\int_0^{2\pi}\int_0^1 \sqrt{\frac{1}{r}}f(r,\theta)\mathrm{e}^{j(-2n\pi r-m\theta)}r\mathrm{d}r\mathrm{d}\theta
\end{aligned} \tag{3.93}$$

转换成直角坐标系中的离散形式, 可得到如下的表达式:

$$E_{km} = \frac{1}{2\pi N^2}\sum_{i=1}^N\sum_{j=1}^N f(i,j)A_k^*(r_{i,j})\exp(-\mathrm{j}m\theta_{i,j}) \tag{3.93'}$$

其中 $2\pi N^2$ 为归一化因子, k 和 m 的取值范围是所有整数, θ 取值范围为 $0 \leqslant \theta \leqslant 2\pi$. 由式 (3.93) 复指数矩的定义可以看出, 在极坐标系中直接对图像进行二元傅里叶变换就可以得到图像的复指数矩, 这是很有意义的, 可以加快计算速度, 提高精度. 有关复指数矩的快速傅里叶变换算法, 将在第 4 章中详细讨论.

　　复指数矩将圆谐–傅里叶矩中的三角函数转换成指数函数. 图 3.11 是三角函数与复指数函数运算速度的比较, 图中横坐标是要计算的矩的阶数, 纵坐标是所消耗的时间, 从图中可以看出, 在计算相同数量的矩的情况下, 计算三角函数矩所需时间约是计算复指数矩所需时间的两倍. 由于图像识别中的数据运算量非常大, 所以更快的运算速度对于图像的识别来说具有重要意义.

　　根据 $A_k(r)$ 和角向复指数因子性质可知, 极坐标下 $Q_{km}(r,\theta)$ 在单位圆内是正交的:

$$\int_0^{2\pi}\int_0^1 Q_{km}(r,\theta)Q_{dl}*(r,\theta)r\mathrm{d}r\mathrm{d}\theta = 4\pi\delta_{kd}\delta_{ml} \tag{3.94}$$

　　复指数矩是正交图像矩, 极坐标下的图像函数 $f(r,\theta)$ 可以由复指数矩恢复重建:

$$f(r,\theta) = \sum_{k=-\infty}^{+\infty} \sum_{m=-\infty}^{+\infty} E_{km} A_k(r) \exp(jm\theta) \tag{3.95}$$

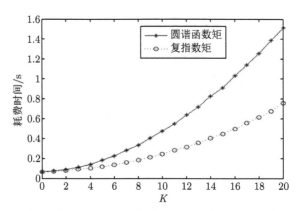

图 3.11   圆谐函数矩与复指数矩运算速度的比较

在直角坐标下重构图像函数的表达式为

$$f(i,j) \approx \sum_{k=-k_{\max}}^{k_{\max}} \sum_{m=-m_{\max}}^{m_{\max}} E_{km} A_k(r_{i,j}) \exp(jm\theta_{i,j}) \tag{3.95'}$$

3.2.7.1   复指数矩基函数与圆谐–傅里叶矩基函数的关系

根据欧拉公式可知, 复指数函数的实部为余弦函数, 虚部为正弦函数. 它们之间的关系可以具体表示为

$$\cos\theta = \frac{e^{j\theta} + e^{-j\theta}}{2} \tag{3.96}$$

$$\sin\theta = \frac{e^{j\theta} - e^{-j\theta}}{2j} \tag{3.97}$$

根据上述公式, 将复指数矩的径向函数表示为三角函数形式:

$$A_0(r) = \sqrt{\frac{2}{r}} \tag{3.98}$$

$$A_k(r) = \sqrt{\frac{2}{r}} \exp(j2k\pi r) = \sqrt{\frac{2}{r}}[\cos(2k\pi r) + j\sin(2k\pi r)] \tag{3.99}$$

$$A_{-k}(r) = \sqrt{\frac{2}{r}} \exp(-j2k\pi r) = \sqrt{\frac{2}{r}}[\cos(2k\pi r) - j\sin(2k\pi r)]$$

$$k = 0, 1, \cdots, \infty \tag{3.100}$$

上面的公式也可表示为

$$\sqrt{\frac{2}{r}}\cos(2k\pi r) = \sqrt{\frac{1}{2r}}[\exp(j2k\pi r) + \exp(j2(-k)\pi r)]$$

$$\sqrt{\frac{2}{r}}\sin(2k\pi r) = \frac{1}{j}\sqrt{\frac{1}{2r}}[\exp(j2k\pi r) - \exp(j2(-k)\pi r)]$$

$$k = 0, 1, 2, \cdots, \infty \tag{3.101}$$

综合上述各个关系式可知, 复指数矩的径向函数与圆谐–傅里叶矩的径向函数的关系为

$$\begin{cases} T_{n=0}(r) = \dfrac{1}{\sqrt{2}}A_{k=0}(r), & n = k = 0 \\[2mm] T_{n=2k-1}(r) = \dfrac{1}{2j}(A_k(r) - A_{-k}(r)), & n = 2k-1, \ k = 1, 2, 3, \cdots \\[2mm] T_{n=2k}(r) = \dfrac{1}{2}(A_k(r) + A_{-k}(r)), & n = 2k, \ k = 1, 2, 3, \cdots \end{cases} \tag{3.102}$$

根据径向函数的关系, 可以得出圆谐–傅里叶矩基函数与复指数基函数之间的关系式:

$$\begin{cases} P_{n=0,m}(r,\theta) = \dfrac{1}{\sqrt{2}}Q_{k=0,m}(r,\theta), & n = k = 0 \\[2mm] P_{n=2k-1,m}(r,\theta) = \dfrac{1}{2j}(Q_{k,m}(r,\theta) - Q_{-k,m}(r,\theta)), & n = 2k-1, \ k = 1, 2, 3, \cdots \\[2mm] P_{n=2k,m}(r,\theta) = \dfrac{1}{2}(Q_{k,m}(r,\theta) + Q_{-k,m}(r,\theta)), & n = 2k, \ k = 1, 2, 3, \cdots \end{cases}$$

$$\tag{3.103}$$

根据上式可以看出, 由 k 取 $-\left(\dfrac{N}{2}\right)$ 到 $\left(\dfrac{N}{2}\right)$ 表示的复指数矩函数系 $Q_{k,m}$ 可以得到 n 取 0 到 N 表示的三角形式的圆谐–傅里叶函数系 $P_{n,m}$.

3.2.7.2 圆谐–傅里叶矩与复指数矩的关系

图像矩是将图像函数投影在基函数上的系数, 图像矩的计算也就是图像函数与基函数的内积. 根据圆谐–傅里叶矩和指数矩的计算公式和基函数的关系, 就可以得到圆谐–傅里叶矩和复指数矩之间的关系.

当 $n = k = 0$ 时,

$$\phi_{0m} = \frac{1}{2\pi}\int_0^{2\pi}\int_0^1 f(r,\theta)\sqrt{\frac{1}{r}}\exp(-jm\theta)r\mathrm{d}r\mathrm{d}\theta$$

$$= \frac{1}{2\pi} \int_0^{2\pi} \int_0^1 \frac{1}{\sqrt{2}} f(r,\theta) \sqrt{\frac{2}{r}} \exp(-\mathrm{j}m\theta) r \mathrm{d}r \mathrm{d}\theta$$

$$= \frac{\sqrt{2}}{4\pi} \int_0^{2\pi} \int_0^1 f(r,\theta) \sqrt{\frac{2}{r}} \exp(-\mathrm{j}m\theta) r \mathrm{d}r \mathrm{d}\theta$$

$$= \sqrt{2} E_{0m} \tag{3.104}$$

当 $n = 2k - 1$ 时,

$$\phi_{n=2k-1,m}$$

$$= \frac{1}{2\pi} \int_0^{2\pi} \int_0^1 f(r,\theta) \sqrt{\frac{2}{r}} \sin(n+1)\pi r \exp(-\mathrm{j}m\theta) r \mathrm{d}r \mathrm{d}\theta$$

$$= \frac{1}{2\pi} \int_0^{2\pi} \int_0^1 f(r,\theta) \sqrt{\frac{2}{r}} \sin(2k\pi r) \exp(-\mathrm{j}m\theta) r \mathrm{d}r \mathrm{d}\theta$$

$$= \frac{1}{2\pi} \int_0^{2\pi} \int_0^1 f(r,\theta) \frac{1}{\mathrm{j}} \sqrt{\frac{1}{2r}} [\exp(\mathrm{j}2k\pi r) - \exp(\mathrm{j}2(-k)\pi r)] \exp(-\mathrm{j}m\theta) r \mathrm{d}r \mathrm{d}\theta$$

$$= \frac{1}{4\pi} \int_0^{2\pi} \int_0^1 f(r,\theta) \frac{1}{\mathrm{j}} \sqrt{\frac{2}{r}} [\exp(\mathrm{j}2k\pi r) - \exp(\mathrm{j}2(-k)\pi r)] \exp(-\mathrm{j}m\theta) r \mathrm{d}r \mathrm{d}\theta$$

$$= \frac{\mathrm{j}}{4\pi} \int_0^{2\pi} \int_0^1 f(r,\theta) \sqrt{\frac{2}{r}} [-\exp(\mathrm{j}2k\pi r) + \exp(\mathrm{j}2(-k)\pi r)] \exp(-\mathrm{j}m\theta) r \mathrm{d}r \mathrm{d}\theta$$

$$= \mathrm{j} \frac{1}{4\pi} \int_0^{2\pi} \int_0^1 f(r,\theta) [A_k^*(r) - A_{-k}^*(r)] \exp(-\mathrm{j}m\theta) r \mathrm{d}r \mathrm{d}\theta$$

$$= \mathrm{j}(E_{k,m} - E_{-k,m}) \tag{3.105}$$

当 $n = 2k$ 时,

$$\phi_{n=2k,m} = \frac{1}{2\pi} \int_0^{2\pi} \int_0^1 f(r,\theta) \sqrt{\frac{2}{r}} \cos(n\pi r) \exp(-\mathrm{j}m\theta) r \mathrm{d}r \mathrm{d}\theta$$

$$= \frac{1}{2\pi} \int_0^{2\pi} \int_0^1 f(r,\theta) \sqrt{\frac{2}{r}} \cos(2k\pi r) \exp(-\mathrm{j}m\theta) r \mathrm{d}r \mathrm{d}\theta$$

$$= \frac{1}{2\pi} \int_0^{2\pi} \int_0^1 f(r,\theta) \sqrt{\frac{1}{2r}} [\exp(\mathrm{j}2k\pi r) + \exp(\mathrm{j}2(-k)\pi r)] \exp(-\mathrm{j}m\theta) r \mathrm{d}r \mathrm{d}\theta$$

$$\tag{3.106}$$

根据上式, 可以将圆谐–傅里叶矩和复指数矩之间的关系总结为

$$\begin{cases} \phi_{0m} = \sqrt{2}E_{0m}, & n = k = 0 \\ \phi_{nm} = j(E_{km} - E_{-km}), & n = 2k-1, \ k = 1, 2, \cdots \\ \phi_{nm} = E_{km} + E_{-km}, & n = 2k, \ k = 1, 2, \cdots \end{cases} \tag{3.107}$$

上式是圆谐–傅里叶矩和复指数矩之间的关系, 根据上式和它们的基函数之间的关系 (3.103) 可以得出, 用 $(2N+1)\times(2N+1)$ 个指数矩 $-N \leqslant k \leqslant N, -N \leqslant m \leqslant N$ 和 $(2N+1) \times (2N+1)$ 个圆谐–傅里叶矩 $0 \leqslant n \leqslant 2N, -N \leqslant m \leqslant N$ 重构的图像是相同的, 所以复指数矩具有和圆谐–傅里叶矩相同的图像描述性能.

$$\widehat{f}(r, \theta) \approx \sum_{n=-N}^{N} \sum_{m=-M}^{M} E_{nm} Q_n(r) \exp(jm\theta) \tag{3.108}$$

其中, $\widehat{f}(r, \theta)$ 为重建的图像. 使用复指数矩可以很容易地重建 26 个英文字母的图像 (图 3.12).

图 3.12　利用 64 个复指数矩重建 26 个英文字母, 其中 $m = n = 7$

3.2.7.3　复指数矩重建图像的误差分析

由于采用复指数矩和圆谐–傅里叶矩在数学上等价, 因此对于图像的重建也必有相同的性能. 对固定图像 (deterministic image) 进行重建的归一化图像重建误差 (NIRE) 定义为

$$\varepsilon^2 = \frac{\displaystyle\int\int_{-\infty}^{+\infty} [f(x,y) - \widehat{f}(x,y)]^2 \mathrm{d}x\mathrm{d}y}{\displaystyle\int\int_{-\infty}^{+\infty} f^2(x,y)\mathrm{d}x\mathrm{d}y} \tag{3.109}$$

下面通过计算大写字母 E 的重建误差来研究指数矩的归一化重建误差. 图
3.13 使用圆谐–傅里叶矩及复指数矩重建的字母 "E". 其中最顶端的图片是 64×64
的原始图片, (a) 图片是采用复指数矩重建的 "E" 字图片; (b) 图片是采用圆谐–傅
里叶矩重建的 "E" 字图片. 图 3.14 显示的是分别采用两种矩进行 "E" 字图片重
建时产生的归一化图像重建误差 (NIRE). 从图 3.14 可以看出, 归一化图像重建误
差随着采用矩的数目的增多而下降, 当矩的数目较少时, 复指数矩重建误差比圆
谐–傅里叶矩小一些, 当矩的数目逐渐增多时, 两者的归一化图像重建误差曲线基
本重合.

E

原图(E)

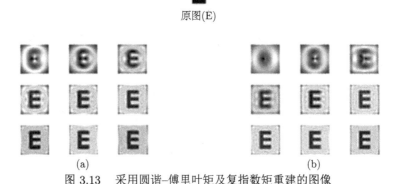

(a)   (b)

图 3.13   采用圆谐–傅里叶矩及复指数矩重建的图像

从左上角到右下角: $N = M = 2, 3, 5, 7, 10, 12, 15, 17, 20$. (a) 复指数矩重建图像; (b) 圆谐–傅里叶矩重建图像

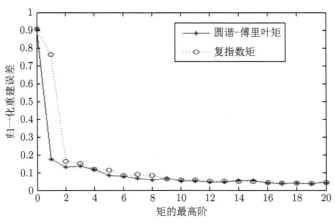

图 3.14   重建字母 E 时的归一化重建误差

在第 4 章中, 我们将径向复指数函数和角向复指数函数合并形成极坐标系中
的二元复指数函数, 就可以对图像函数进行快速二元傅里叶变换, 直接计算图像
复指数矩, 从而提高计算精度和速度.

以上所述的各种正交多畸变不变图像矩, 以径向函数的性质可以分成两类, 一类是以正交多项式为径向函数, 复指数因子 $\exp(-jm\theta)$ 为角向函数组成的函数系作为基函数, 对图像进行分解计算得到的图像矩, 如傅里叶–梅林矩、切比雪夫–傅里叶矩、泽尼克矩和雅可比–傅里叶矩, 都属于这一类, 这些图像矩都可以归类为雅可比–傅里叶矩. 另一类是以圆谐函数为径向函数, 以傅里叶变换因子 $\exp(-jm\theta)$ 为角向函数组成的基函数系, 对图像进行分解计算得到的图像矩, 如圆谐–傅里叶矩和复指数矩. 雅可比–傅里叶矩等图像的径向函数是有限项的正交多项式, 圆谐–傅里叶矩和复指数矩的径向函数是无限项正交多项式, 从这点出发可以预期, 后者对图像径向抽样更丰富, 因而性能也要优于前者. 二者的基函数都具有正交性, 两类图像矩都具有正交性和不变性.

两类图像矩的基函数具有相似的性质, 因此, 其正交性和多畸变不变性是相似的. 下一节以复指数矩为例, 论述其正交性和多畸变不变性, 并用实验验证其多畸变不变性.

3.3 复指数矩的平移不变性

复指数矩的平移不变性是通过平移图像中心到图像的质心位置来实现的. 图像质心坐标通过图像零阶几何矩和一阶几何矩得到.

设一个 $N \times N$ 图像 $f(i,j)$ 的质心坐标为 $(\bar{x}, \bar{y})$:

$$\bar{x} = m_{10}/m_{00}$$

$$\bar{y} = m_{01}/m_{00} \qquad (3.110)$$

$m_{00} = \sum_{i=1}^{N}\sum_{j=1}^{N} f(i,j)$ 是零阶几何矩, $m_{10} = \sum_{i=1}^{N}\sum_{j=1}^{N} if(i,j)$ 和 $m_{01} = \sum_{i=1}^{N}\sum_{j=1}^{N} jf(i,j)$ 是一阶几何矩. 得到图像的质心坐标 $(\bar{x}, \bar{y})$ 后, 图像 $f(i,j)$ 的中心移到图像的质心坐标后再计算图像的复指数矩就具有平移不变性.

3.4 正交多畸变不变矩的旋转不变性实验验证

本节利用仿真实验验证复指数矩不变量的旋转不变性, 所有实验得到的图形都是由 MATLAB 数学软件作出[13] 的.

3.4.1 旋转不变性

复指数矩的模具有旋转不变性. 设 $f(r,\theta)$ 为极坐标下的图像函数, 其指复数矩为 E_{km}, 将原图像 $f(r,\theta)$ 旋转 α 角度生成图像 $f^r(r,\theta) = f(r, \theta+\alpha)$, 图像

$f^r(r, \theta)$ 的复指数矩为 E_{km}^r, 根据复指数矩的计算公式, 极坐标下 $f^r(r, \theta)$ 的复指数矩 E_{km}^r 为

$$
\begin{aligned}
E_{km}^r &= \frac{1}{4\pi} \int_0^{2\pi} \int_0^1 f^r(r, \theta) A_k^*(r) \exp(-\mathrm{j}m\theta) r \mathrm{d}r \mathrm{d}\theta \\
&= \frac{1}{4\pi} \int_0^{2\pi} \int_0^1 f(r, \theta + \alpha) A_k^*(r) \exp(-\mathrm{j}m\theta) r \mathrm{d}r \mathrm{d}\theta \\
&= \frac{1}{4\pi} \int_0^{2\pi} \int_0^1 f(r, \theta) A_k^*(r) \exp(-\mathrm{j}m(\theta - \alpha)) r \mathrm{d}r \mathrm{d}\theta \\
&= \frac{1}{4\pi} \int_0^{2\pi} \int_0^1 f(r, \theta) A_k^*(r) \exp(-\mathrm{j}m\theta) r \mathrm{d}r \mathrm{d}\theta \times \exp(\mathrm{j}m\alpha) \\
&= E_{km} \exp(\mathrm{j}m\alpha)
\end{aligned}
\tag{3.111}
$$

对上式两端取模:

$$
|E_{km}^r| = |E_{km} \exp(\mathrm{j}m\alpha)| = |E_{km}| |\exp(\mathrm{j}m\alpha)| = |E_{km}| \tag{3.112}
$$

根据式 (3.111) 和 (3.112) 可知, 将图像旋转一个角度后的复指数矩的模与原始图像的复指数矩的模是相等的, 也就是说复指数矩的模具有旋转不变性. 根据式 (3.111), 如果对比两个图像的复指数矩, 还可以得出图像旋转的角度 α.

3.4.2 旋转不变性实验验证

图 3.15 是将字母 "E" 图像旋转不同角度后得到的一组实验图像, (a) 原图像; (b) 15°; (c) 30°; (d) 45°; (e) 60°; (f) 90°. 分别计算这组旋转图像的复指数矩的模.

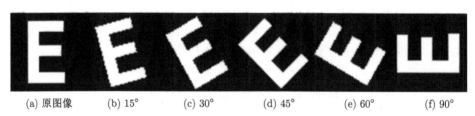

(a) 原图像   (b) 15°   (c) 30°   (d) 45°   (e) 60°   (f) 90°

图 3.15   字母 E 的旋转图像组

将图 3.15 中的一组图像以内接圆的方法归一化到单位圆内, 然后再利用公式 (3.93) 计算每个图像的复指数矩. 在所有的复指数矩中, $(0, 0)$ 阶矩 $E_{0,0}$ 的模值是最大的, 表 3.2 中列出了每个实验图像的复指数矩 $E_{0,0}, E_{0,1}, E_{1,0}, E_{2,0}$ 和 $E_{3,2}$ 的模值, 对比每一个旋转后图像的同一个复指数矩 $E_{k,m}$ 的模值, 它们是近似相等的.

表 3.2　图 3.15 中各图的复指数矩模的数据

	E_{00}	E_{01}	E_{10}	E_{20}	E_{32}
图 3.15(a)	26.9321148110	5.84274355619	13.5534651021	6.58011219080	2.95212491115
图 3.15(b)	26.8291590164	5.88197205058	13.4943389512	6.54868497317	2.94160594861
图 3.15(c)	26.8865047427	5.78596138668	13.5361392471	6.52890854937	2.94842431608
图 3.15(d)	27.3046996666	6.32676302760	13.7711392593	6.54863448530	2.84624139945
图 3.15(e)	26.8712942864	5.83520488374	13.5424949804	6.52137750418	2.93054870190
图 3.15(f)	26.9321148110	5.84274355619	13.5534651021	6.58011219080	2.95212491115

为了直观表示复指数矩的模值与图像旋转之间的关系, 取径向阶数为 $n = 0, 1, 2, 3, 4$ 以及角向阶数为 $m = 0, 1, 2, 3, 4$ 的共 25 个复指数矩的模值的分布表示为条形图, 如图 3.16 所示.

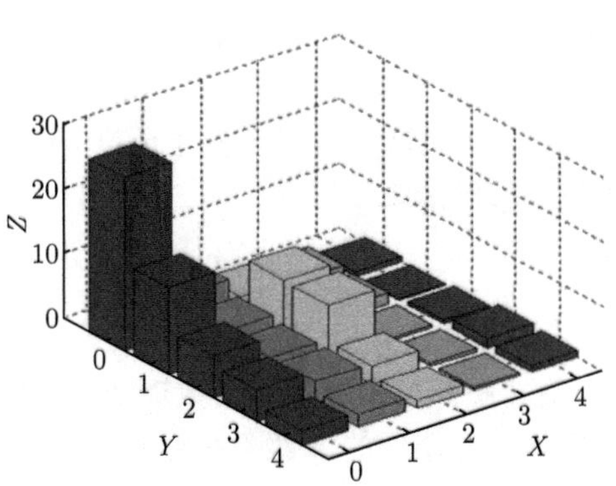

(a) 模值分布

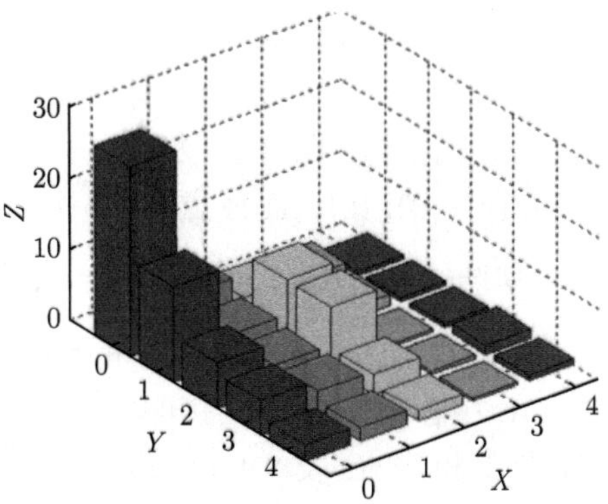

(b) 模值分布

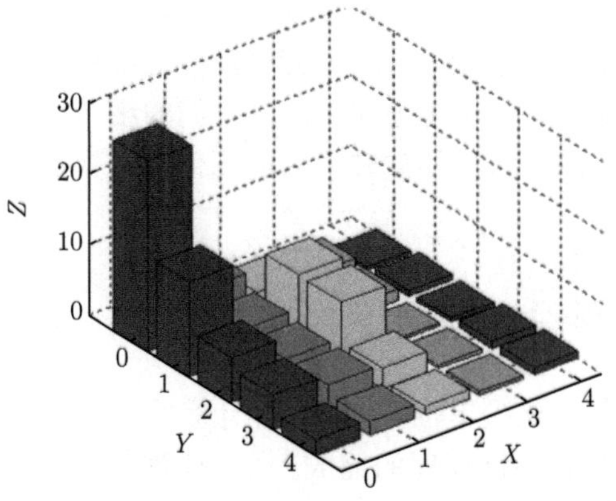

(c) 模值分布

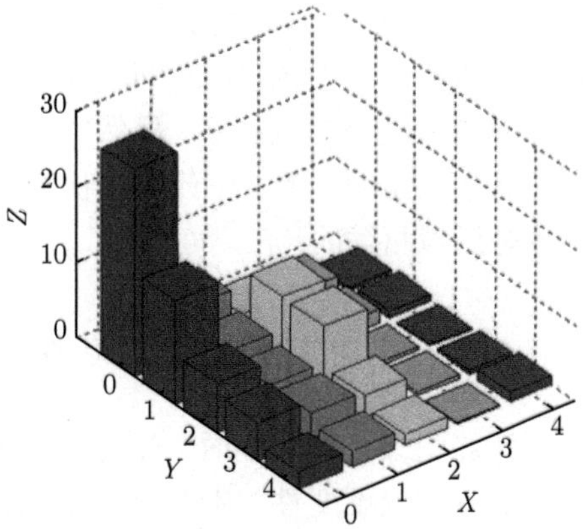

(d) 模值分布

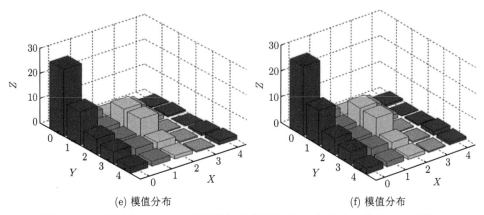

(e) 模值分布   (f) 模值分布

图 3.16　不同旋转角度 "E" 复指数矩的模值的分布 (扫封底二维码可见彩图)

图 3.16 表示图 3.15 中每个图像的复指数矩的模值按阶数的分布图, 其中 X 轴表示角向阶数 m 从 0 取到 4, Y 轴表示径向阶数 k 从 0 取到 4, Z 轴表示相应复指数矩的模值. 图 3.16 中 (a), (b), (c), (d), (e), (f) 分别对应表示图 3.15 中 (a), (b), (c), (d), (e), (f) 图像的 25 个复指数矩的模值的分布.

3.4.3　实验结果分析

实验中对原图像进行了不同角度的旋转, 计算各个旋转图像的复指数矩. 对比图 3.16 中各个模值分布图可以看出, 各个旋转图像的同一级复指数矩 $E_{k,m}$ 的模值是近似相等的. 表 3.1 详细给出了旋转图像和原图像的 5 级复指数矩的模值, 对比这些数据可以看出数字图像旋转后的复指数矩的模值近似相同, 但不完全相等. 这是因为复指数矩模的旋转不变性是对一个连续的图像成立的, 而数字图像在旋转的过程中, 计算机会进行不同种类的插值运算 (如邻近插值、双线性插值等), 所以旋转前后的图像并非完全相同. 从严格意义上讲, 旋转前后的图像不具备点对点的完全对应关系, 虽然它们的整体信息基本相同, 但是它们的细节方面还是有所差别的. 所以在计算机仿真中计算所得到的旋转前后的图像复指数矩的模值是近似相等的.

3.5　缩放不变性实验验证

计算图像复指数矩时, 首先将图像归一化到单位圆内, 这样计算得到的复指数矩具有缩放不变性. 本节对一幅图像进行不同尺度的缩放, 然后计算各个缩放图像的复指数矩以验证其缩放不变性.

3.5.1 缩放不变性和密度不变性

现在讨论图像复指数矩的缩放不变性. 设图像函数 $g(r',\theta)$ 是图像函数 $f(r,\theta)$ 放大 k 倍, 密度增大 g 倍的畸变图像: $g(r',\theta) = gf\left(\dfrac{r}{k},\theta\right)$, 设 $\dfrac{r}{k} = \rho$, $r = k\rho$, 则缩放并密度畸变图像的复指数矩为

$$
\begin{aligned}
E'_{km} &= \int_0^{2\pi}\int_0^k gf\left(\frac{r}{k},\theta\right) A_k^*\left(\frac{r}{k}\right) \exp\left(-\mathrm{j}m\theta\right) r\mathrm{d}r\mathrm{d}\theta \\
&= \int_0^{2\pi}\int_0^1 gf\left(\rho,\theta\right) A_k^*\left(\rho\right) \exp\left(-\mathrm{j}m\theta\right) k^2\rho\mathrm{d}\rho\mathrm{d}\theta \\
&= gk^2 E_{km}
\end{aligned}
\tag{3.113}
$$

公式 (3.113) 表明, 缩放并密度畸变图像的复指数矩与原图像的复指数矩相差一个与尺度放大倍数和密度放大倍数有关的常数因子 gk^2. 这两个常数可以通过原图像和畸变图像的傅里叶–梅林矩 [5] 求得.

$$
k = \left(\frac{M'_{10}}{M'_{00}}\right) \bigg/ \left(\frac{M_{10}}{M_{00}}\right)
\tag{3.114}
$$

$$
g = \left[\left(\frac{M_{10}}{M_{00}}\right) \bigg/ \left(\frac{M'_{10}}{M'_{00}}\right)\right]^2 \left(\frac{M'_{00}}{M_{00}}\right)
\tag{3.115}
$$

在 (3.114) 和 (3.115) 两表达式中, M_{km} 表示原图像的傅里叶–梅林矩, M'_{km} 表示畸变图像的傅里叶–梅林矩.

这样缩放并密度畸变图像的复指数矩 $E_{km} = E'_{km}/k^2 g$ 就是畸变不变的.

3.5.2 实验验证

下面对一组缩放图像计算复指数矩, 图 3.17 是将字母 E 图像进行不同倍数的缩放后得到的一组图像. 图 3.17(a) 是原图像, 图 3.17(b) 是缩小比例为 0.5 的图像, 图 3.17(c) 是缩小比例为 0.8 的图像, 图 3.17(d) 是放大比例为 1.25 的图像, 图 3.17(e) 是放大比例为 1.5 的图像. 利用公式 (3.93) 计算图 3.17 中每一个实验图像的复指数矩.

(a) 原图像 (b) 缩小比例为0.5 (c) 缩小比例为0.8 (d) 放大比例为1.25   (e) 放大比例为1.5

图 3.17   图 3.3(a) 的缩放图像

表 3.3 中列出了图 3.17 中各图像的复指数矩 $E_{00}, E_{01}, E_{10}, E_{21}$ 和 E_{32} 的值, 对比实验图像的同一阶复指数矩, 它们的值近似相等.

表 3.3　图 3.17 各图像复指数矩的数据

	E_{00}	E_{01}	E_{10}	E_{21}	E_{32}
图 3.17(a)	26.9321148110	5.836412267 − 0.27192666529i	8.2697511555 − 10.7381391358i	1.7030574227 − 2.92021813394i	2.4042554752 + 1.71306657807i
图 3.17(b)	26.8572087617	5.818699974 − 0.26400354179i	8.3371107313 − 10.6979644894i	1.6321931237 − 2.82379639551i	2.2971011190 + 1.61816312238i
图 3.17(c)	26.1730637722	6.130184712 − 0.83523891458i	8.174939430 − 10.7994018037i	0.3355156003 − 2.94944690855i	2.6398439029 + 1.92888545551i
图 3.17(d)	26.9518736532	5.839670954 − 0.28080979105i	8.262934688 − 10.7303970183i	1.6863285144 − 2.91241137912i	2.3767046877 + 1.68927234299i
图 3.17(e)	26.9456262119	5.832946472 − 0.27104360175i	8.256636195 − 10.7296201601i	1.6900059839 − 2.90295265292i	2.3797231852 + 1.68863055791i

为了更直观地表示复指数矩的缩放不变性, 取图 3.17 中的每个图像的 25 个复指数矩, 角向阶数 m 从到 4, 以 X 轴表示; 径向阶数 k 从到 4、以 Y 轴表示, Z 轴表示复指数矩的实部, 给出一个条形分布图. 图 3.18 是图 3.17 中的各个不同缩放图像的复指数矩的实部按阶数分布的条形图.

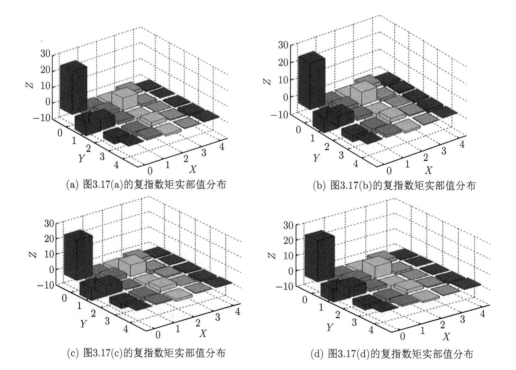

(a) 图3.17(a)的复指数矩实部值分布

(b) 图3.17(b)的复指数矩实部值分布

(c) 图3.17(c)的复指数矩实部值分布

(d) 图3.17(d)的复指数矩实部值分布

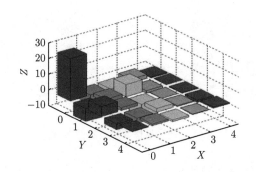

(e) 图3.17(e)的复指数矩实部值分布

图 3.18 缩放图像复指数矩的实部值分布 (扫封底二维码可见彩图)

3.5.3 结果分析

观察表 3.2 和图 3.18 可知, 不同缩放尺度图像的同一级复指数矩 E_{km} 近似相等. 复指数矩的缩放不变性对连续函数成立, 而在数字图像的缩放过程中, 存在一些诸如插值的近似运算, 会造成缩放图像与原图像的差异, 缩放前后的图像与原图像已经没有点对点的对应关系, 所以数字图像复指数矩的缩放不变性是近似成立的.

3.6 两种复指数矩重建图像比较

重建图像质量可以检验图像矩算法的性能, 在第 4 章中将要讨论复指数矩的计算方法: 直接积分算法、基于基函数的对称反对称性的算法、快速傅里叶变换算法. 在这一节, 我们分别采用直接积分和快速傅里叶变换两种算法计算图像的复指数矩, 并分别重建图像, 从而比较两种算法重建图像的质量和归一化图像重建图像误差 (NIRE). 仿真结果显示: 快速傅里叶变换算法的归一化图像重建误差小、重建图像质量高, 是一种更精确的复指数矩的算法.

图 3.19 和图 3.20 为本节中所用的实验图像, 其中图 3.19 是 5 个 64×64 二值的字母图像, 图 3.20 是 5 个 128×128 的灰度图像.

(a) 字母 A

(b) 字母 E

(c) 字母 G

(d) 字母 Q

(e) 字母 W

图 3.19 计算复指数矩和重建的二值图像

(a) lena   (b) barb   (c) boat   (d) pepper   (e) cameraman

图 3.20   计算复指数矩重建的灰度图像

3.6.1 两种算法的重建图像比较

图 3.21 和图 3.22 分别表示两种不同算法下, 图 3.19 和图 3.20 的复指数矩重建图像的比较.

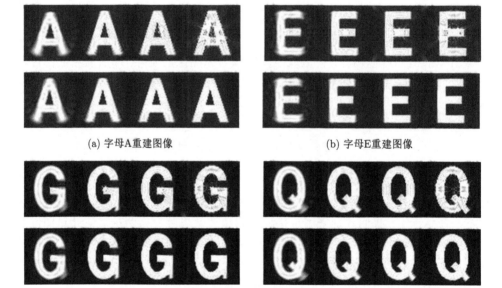

(a) 字母A重建图像   (b) 字母E重建图像

(c) 字母G重建图像   (d) 字母Q重建图像

(e) 字母W重建图像

图 3.21   两种算法计算复指数矩的重建二值图像

图 3.21 表示两种算法下, 对图 3.19 中各个二值图像的重建过程. 每个图像上面一行利用直接积分算法重建图像, 下面一行利用快速傅里叶变换算法重建图像. 其中每一行中, 从左到右都采用 $K_{\max} = M_{\max} = 10, 20, 30, 40$ 计算复指数矩, 并重建二值图像.

可以明显看出, 对于同样多个矩的重建图像, 快速傅里叶变换算法重建二值图像比积分算法重建二值图像质量高.

(a) lena重建图像

(b) barb重建图像

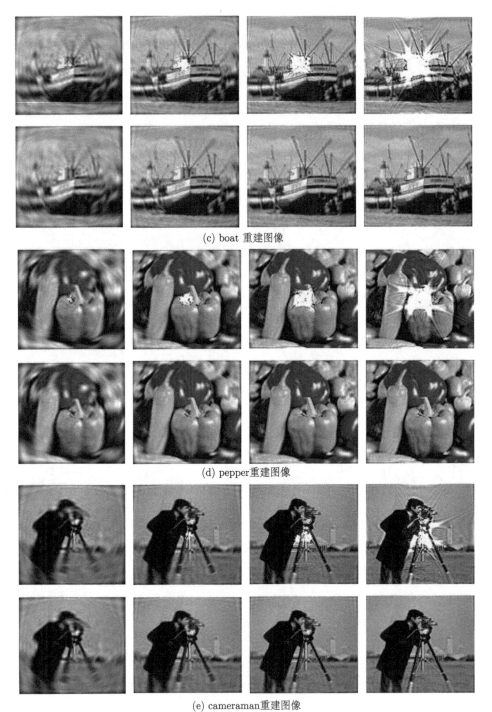

(c) boat 重建图像

(d) pepper重建图像

(e) cameraman重建图像

图 3.22　两种算法计算复指数矩重建的灰度图像

图 3.22 表示两种算法下, 对图 3.2 中各个灰度图像的重构过程. 每个图像上面一行利用直接积分算法重构图像, 下面一行利用快速傅里叶变换算法重构图像. 其中每一行中, 从左到右都采用 $K_{\max} = M_{\max} = 20, 40, 60, 80$ 计算复指数矩, 并重构灰度图像. 可以明显看出, 对于同样多个矩的重建图像, 快速傅里叶变换算法重构灰度图像比直接积分算法重构灰度图像质量高.

如图 3.21 和图 3.22 所示的重构图像可以看出, 无论二值图像还是灰度图像, 随着复指数矩级数的增加, 重构图像质量越来越好, 与原图像误差越来越小. 当用较少数目的复指数矩重构图像时, 积分算法和快速傅里叶变换算法的重构图像质量相差不大; 当复指数矩的数目增加时, 快速傅里叶变换算法重构图像的质量明显好于积分算法的重构图像质量.

因此可以得出结论: 从图像重建的角度看, 快速傅里叶变换算法优于直接积分算法.

3.6.2 两种算法的图像重构误差比较

根据函数正交理论, 可以利用有限个复指数矩近似重构图像, 重构图像的表达式可写为

$$
\begin{aligned}
f_{\mathrm{rec}}(i,j) &\approx \sum_{k=-K_{\max}}^{K_{\max}} \sum_{m=-M_{\max}}^{M_{\max}} E_{km} Q_{km}(x_j, y_i) \\
&= \sum_{k=-K_{\max}}^{K_{\max}} \sum_{m=-M_{\max}}^{M_{\max}} E_{km} A_k(r_{i,j}) \exp(\mathrm{j} m \theta_{i,j})
\end{aligned} \tag{3.116}
$$

其中, $K_{\max}$ 是径向基函数的最大阶数, $M_{\max}$ 是角向基函数的最大阶数, E_{km} 为复指数矩, $f_{\mathrm{rec}}(i,j)$ 是利用有限个 E_{km} 近似重构的图像. 定义重构图像与原图像之间的图像重构误差 ε 为

$$
\varepsilon = \frac{\displaystyle\sum_{i=1}^{N} \sum_{j=1}^{N} [f(i,j) - f_{\mathrm{rec}}(i,j)]^2}{\displaystyle\sum_{i=1}^{N} \sum_{j=1}^{N} [f(i,j)]^2} \tag{3.117}
$$

其中 $f(i,j)$ 为原始图像, $f_{\mathrm{rec}}(i,j)$ 为近似重构图像.

分别用直接积分算法和快速傅里叶变换算法计算图 3.19 和图 3.20 的复指数矩, 使用不同数目的复指数矩重构图像, 由公式 (3.117) 计算图像重构误差. 分别得到图 3.23 表示的二值图像的重建误差, 图 3.24 表示的灰度图像的重建误差.

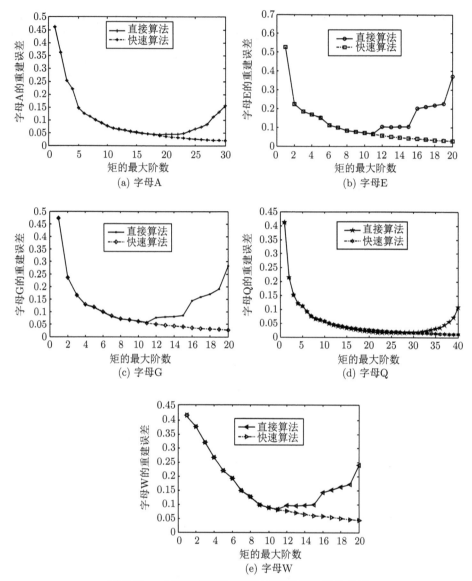

图 3.23　二值图像重构误差与复指数矩阶数的关系

　　图 3.23 表示图像 3.19 中各个二值图像重构误差与所用的复指数矩的数目之间的关系, 图中横坐标表示重构图像时所用的复指数矩的最高径向阶数 $K_{\max}$ 和最高角向阶数 $M_{\max}$, 它们是相等的, 纵坐标表示图像的重构误差. 图中的两条曲线, 上面一条表示直接积分算法下的图像重构误差, 下面一条表示快速傅里叶变换算法下的图像重构误差.

图 3.24 表示图 3.20 中的灰度图像重构误差与重构图像所用的复指数矩数目之间的关系. 横坐标表示重构图像时所用的复指数矩的最高径向阶数 $K_{\max}$ 和最高角向阶数 $M_{\max}$，它们是相同的. 纵坐标表示图像的重构误差. 图中上面一条曲线表示直接积分算法的重构误差，下面一条曲线表示快速傅里叶变换算法的图像重构误差.

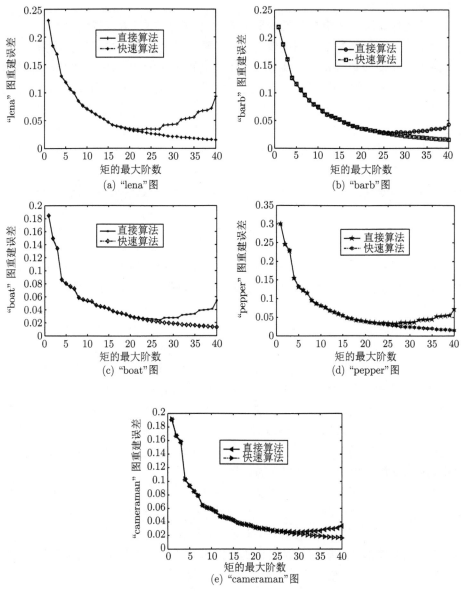

图 3.24   灰度图像重构误差与指数矩的个数的关系

图 3.23 和图 3.24 表明, 随着复指数矩数目增加, 图像重构误差逐渐减小; 当用较少的复指数矩重构图像时, 直接积分算法和快速傅里叶变换算法的图像重构误差基本相同, 重建图像越来越接近原图像, 当复指数矩的数目进一步增加时, 快速傅里叶变换算法的图像重构误差明显小于直接积分算法的图像重构误差, 积分算法的重建图像反而变差.

3.6.3　实验结果分析

比较两种算法下的重构图像的质量和图像重构误差, 可以得出如下结论: 当利用较少数目的复指数矩重构图像时, 积分算法和快速傅里叶变换算法得到的重建图像质量和图像重构误差基本相同, 随着复指数矩的数目增大, 图像重构误差逐步减少, 重构图像质量逐渐变好, 更接近原图像. 当所用的复指数矩的数目达到某个确定的值并进一步增大时, 直接积分算法重构误差反而逐步增大, 图像中心附近的信息丢失, 重构图像的质量越来越差; 而快速傅里叶变换算法重构图像中心附近没有信息丢失, 图像重构误差继续单调地减小, 图像质量随所用复指数矩数目的增加越来越好. 从上面对图像重构误差和重构图像质量的对比分析可以看出: 与直接积分算法相比, 快速傅里叶变换算法是一种更精确的复指数矩算法.

3.7　本 章 小 结

本章首先介绍了直角坐标系中具有平移、缩放不变性的几种图像矩, 然后介绍了在极坐标系中具有平移、缩放、旋转、密度多畸变不变性的图像矩. 理论分析和实验证明, 极坐标系中以正交多项式为径向函数, 复指数因子 $\exp(-jm\theta)$ 为角向函数构成基函数的图像矩都具有多畸变不变性, 都可以由广义雅可比–傅里叶矩导出, 这一类图像矩具有大致类似的性质和图像描述能力. 在极坐标中还有另一类图像矩, 其基函数由圆谐函数 (正弦函数和余弦函数) 为径向函数, 复指数因子 $\exp(-jm\theta)$ 为角向函数构成. 理论分析和实验证明后一类图像矩的性能较前一类图像矩的性能更为优越. 实际上, 两类图像矩的区别在于: 前者的径向函数是有限项的正交多项式, 后者的径向函数是无穷项的正交多项式, 因此, 后一类图像矩包含了更丰富的图像径向信息. 多畸变不变图像矩研究的过程, 是由雅可比–傅里叶等图像矩向复指数矩逐步发展演化的过程.

我们重点研究了复指数矩. 首先介绍了复指数矩的定义以及它与圆谐–傅里叶矩之间的关系. 复指数矩与圆谐–傅里叶矩相比, 虽然图像描述性能相同, 但表达形式更简洁, 而且可以用快速傅里叶变换算法计算, 使之更具优越性. 然后, 分析比较了复指数矩的直接积分算法和快速傅里叶变换算法的重构图像质量和图像重构误差. 理论分析和模拟实验证明: 复指数矩是性能最为优越的平移、缩放、旋转、密度多畸变不变矩.

参 考 文 献

[1] Abramowitz M, Stegun I A. Handbook of Functions with Formulas, Graphs and Mathematical Tables. New York: Dover, 1964, 733-792.

[2] Mukundan R, Ong S H, Lee P A. Image Analysis by Tchebichef Moments. IEEE Transactions on Image Processing, 2001, 10(9): 1357-1364.

[3] Yap P T, Paramesran R, Ong S H. Image analysis by krawtchouk moments. IEEE Transactions on Image Processing, 2003, 12(11): 1367-1377.

[4] Teague M R. Image analysis via the general theory of moments. J. Opt. Soc. Am., 1980, 70, 920-930.

[5] Sheng Y, Shen L. Orthogonal Fourier–Mellin moments for invariant pattern recognition. J. Opt. Soc. Am. A 11, 1994, 6: 1748-1757.

[6] Ping Z L, Wu R, Sheng Y L. Image description with Chebyshev- Fourier moments. J. Opt. Soc. Am. A, 2002, 19(9): 1748-1754.

[7] Ping Z L, Ren H P. Generic orthogonal moments: Jacobi-Fourier moments for invariant image description. Pattern Recognition, 2007, 40: 1245-1254.

[8] Ren H P, Ping Z L, Wurigen, et al. Multi-distorted invariant image recognition with Radial-harmonic-Fourier moments. J. Opt. Soc. Am. A, 2003, 20(4): 631-637.

[9] Teh C H, Chin R T. On image analysis by the methods of moments. IEEE Trans. Pattern Anal. Mach. Intell., 1988, 10: 496-513.

[10] Chao K, Srinath M D. Invariant character recognition with Zernike and orthogonal Fourier-Mellin moments. Pattern Recognition, 2002, 35: 143154.

[11] Terrillon J C, Shirazi M N. Invariant face detection in color images using orthogonal Fourier-Mellin Moments and Support Vector Machines. ICAPR, 2001: 83-92.

[12] 苏变萍, 陈东立. 复变函数与积分变换. 北京: 高等教育出版社, 2003.

[13] 罗军辉, 冯平, 哈力旦, 等. MATLAB7.0 在图像处理中的应用: 北京: 机械工业出版社, 2005.

[14] 龚声蓉, 刘纯平, 王强, 等. 数字图像处理与分析. 北京: 清华大学出版社, 2006.

第 4 章 正交多畸变不变矩的计算

本章研究正交多畸变不变矩的计算. 为了在极坐标系中计算多畸变不变矩, 需要将直角坐标系中的图像转换成极坐标系中的图像, 这种转换在图像取样中不是一一对应的, 会引入转换误差, 需要研究如何减少误差. 按照上述方法计算的矩实际上并不是多畸变不变的, 需要先将图像归一化为标准图像. 对于大图像, 如果按照定义进行积分计算多畸变不变矩, 是相当费时的, 需要寻找一些有效的方法进行计算以提高效率.

4.1 直接在直角坐标系下计算复指数矩

采用矩来描述图像, 是因为图像矩具有旋转、平移、缩放不变性, 但是 Bhatia 和 Wolf[1] 在 1954 年的论文中证明: 关于原点旋转的图像, 表示不变量的多项式应当符合下面的形式

$$V(r\cos\theta, r\sin\theta) = R_n(r)\exp(jm\theta) \tag{4.1}$$

具有多畸变不变性的图像矩都是在极坐标系下定义的. 而计算机上的图像都是 $n \times m$ 的矩阵, 因此在进行图像的处理时也大都是以直角坐标系作为参照系来进行显示存储的, 这就给计算具有旋转不变性的图像矩带来了麻烦. 在现有的文献中求图像矩时, 是采用插值的方法把图像中每一个像素的坐标转换到离散的极坐标系下, 然后再求图像的矩. 在转换的过程中, 不仅会使算法变得复杂, 极大地增加计算量, 而且当像素的坐标从直角坐标系向离散的极坐标系进行插值转换时还需要量化, 会导致舍入误差, 从而使得到的图像矩不准确, 在利用图像矩进行图像识别时会导致错误率大幅上升. 利用图像矩重建图像时还需要将重建的图像从极坐标系转换到直角坐标系. 从直角坐标系到极坐标系和从极坐标系到直角坐标系的这两次转换不仅会导致重建图像的质量严重下降, 也使得计算量急剧上升. 这个问题存在于任何具有旋转不变性图像矩的计算中.

4.1.1 坐标转换中形成的误差

为了解决这个问题, 本节将以复指数矩的计算为例, 给出直接在直角坐标系下计算图像矩的方法.

在极坐标系下, 图像复指数矩计算的离散化公式为

$$\phi_{mn} = \frac{1}{2\pi} \sum_{k=0}^{K} \sum_{l=0}^{L} f(k\Delta r, l\Delta\theta) Q_n(k\Delta r) \exp(-\mathrm{j}ml\Delta\theta) \cdot k\Delta r \cdot \Delta r \cdot \Delta\theta \qquad (4.2)$$

其中 k, l 分别为径向、角向的离散坐标, Δr, $\Delta\theta$ 分别为径向、角向的抽样间隔, ϕ_{mn} 为离散极坐标系下图像的矩.

由公式 (4.2) 可知, 对图片进行求和时要将图片像素的坐标转化成按大小顺序排列的形式, 这时希望在极坐标系下像素的坐标也是离散的整数值, 并且希望能够按照径向、角向由小到大的顺序对像素进行处理. 但是, 简单地按照公式 (4.3) 进行转换后, 像素的极坐标不是整数, 而且像素的极坐标也不是按照从小到大或从大到小的顺序排列的, 这就给以后在极坐标系下进行图像处理带来了困难. 因此, 需要找到一种转换方法, 使得转换后图像像素的坐标在极坐标系下依然是离散的整数值 (i, j), 并且是按照由小到大的顺序进行排列的.

$$\begin{cases} r = \sqrt{x^2 + y^2} \\ \theta = \arctan\left(\dfrac{y}{x}\right) \end{cases} \qquad (4.3)$$

其转换过程如下:

首先, 将直角坐标系的原点移到图像的中心, 以图像的中心为原点建立极坐标系, 然后将图像归一化到单位圆中, 由于希望转换后, 在极坐标系下图像的坐标值同样也是离散的整数, 所以必须先对极坐标系下的极径和极角进行离散化. 如图 4.1 所示.

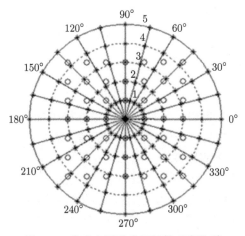

图 4.1　像素在两种坐标间的对应关系

图 4.1 中的圆圈表示图像的像素, 星号表示在极坐标系下的离散点, 由于图像

的像素坐标和极坐标系下的离散点并不重合, 因此图像转换到极坐标系下后, 把
离像素点最近的离散点的极坐标值作为像素的坐标值.

　　首先将单位圆的半径平均分成 M 份, 即

$$\Delta R = \frac{1}{M} \tag{4.4}$$

求出像素到原点的距离, 并对 r 离散化, 即

$$i = \frac{r}{\Delta R} \tag{4.5}$$

其中 ΔR 为径向抽样间隔. 再按照四舍五入的方法对 i 进行取整, 就得到了像素
的径向坐标 i, i 为离散的整数值. 当然这样就引入了离散误差, 如果要减少误差,
就必须将极径上点的间距缩小, 即增大 M 的值, 但这样会使计算量急剧增加.

　　对于极角坐标, 我们先把极角从 $0 \sim 2\pi$ 平均分成 N 份, 每一份为 $\Delta\theta$, 即

$$\Delta\theta = \frac{2\pi}{N} \tag{4.6}$$

然后利用公式 (4.7) 求出每一个像素的极角

$$\theta = \arctan\left(\frac{y}{x}\right) + k\pi \tag{4.7}$$

θ 的取值范围是 $[0, 2\pi)$, 当 θ 分别在一、二、三、四象限时, k 分别取 0, 1, 1, 2.
求出像素在极坐标系下的极角后, 利用公式 (4.6) 对像素的极角坐标进行离散化,
并对 k 按照四舍五入取整数值, 即可得到像素 (x, y) 在极坐标系下极角的离散化
值的坐标 j.

$$k = \frac{\theta}{\Delta\theta} \tag{4.8}$$

至此, 经过上面的步骤, 我们已经得到了像素在极坐标系下的离散坐标值 (i, j),
(i, j) 是离该像素最近的离散极坐标点的坐标值, 如图 4.1 所示. 但是仔细观察
图 4.1 就会发现还有以下问题需要注意:

　　首先, 从图 4.1 可以看到在离坐标原点比较近的区域, 极坐标系下的离散坐标
点要比直角坐标系下的像素点密集, 这就导致了转换后极坐标系下的图像在靠近
原点的地方有许多离散点没有像素与之对应, 是 "空点".

　　其次, 在离坐标原点比较远的区域, 情况与原点附近的区域相反, 直角坐标系
下像素的点要比极坐标系下的离散点密集, 出现有几个像素点对应一个离散极坐
标点的情况, 这样图像在两个坐标系之间转换时, 有许多的像素没有转换到极坐标

系下, 造成了像素的丢失. 如果在编程的过程中没有注意到上述两个问题, 转换后的图像在坐标原点处和图像的边缘区域会发生错误, 从而导致图像的模糊. 图 4.2 是在直角坐标系和极坐标系之间进行转换后的效果, 因为没有注意到这两个问题, 虽然仅仅只是进行了一下坐标的转换, 在图像的中心和边缘就变得模糊了.

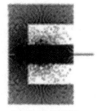

(a) 原图像 (b) 转换后图像

图 4.2 E 图片在两种坐标系之间的转换

图 4.2(a) 是 256×256 像素 "E" 的二值图像原图, 在转换的时候, 极角坐标的取值范围是 0~255, 极径坐标的取值范围是 0~128, 图 4.2(b) 是经过转换后的图像. 可以看到转换后的图像在原点区域出现了模糊, 而在边缘部分则丢失了许多像素.

因此, 在进行转换的过程中, 为了避免转换后极坐标 "图像" 在原点附近出现 "空点" 而影响图像的质量, 可以在进行转换前将极坐标系下所有的离散点都赋一个特殊的值, 这个值应该以不影响对图像的后续处理为原则, 例如, 正常像素点的灰度值不可能为负值, 我们可以把这个特殊值设定为 −1, 然后再进行转换. 这样, 在转换后没有像素对应的空点就成了像素灰度值为特殊值的点, 在以后对图像的处理时, 就可以根据像素的灰度值是否小于零这一条件来判断将要处理的像素是否为特殊点, 从而可以将这些点挑出来进行特别的处理.

为了避免在图像的边缘由于多个像素对应一个离散极坐标点而导致像素点丢失的现象, $\Delta\theta$ 值必须足够小, 使得距离坐标原点最远的区域中的像素有足够多的离散极坐标点与之对应, 这就要求 $\Delta\theta$ 的值至少小于图像边缘附近的任意两个相邻的像素相对于原点所张开的角度, 即要求式 (4.6) 中 N 的值要足够大.

经过上述转换, 得到了极坐标下的图像后, 才可以利用公式 (4.2) 求图像的复指数矩.

不难看出, 由于需要上述的转换, 整个算法变得非常复杂, 而且图像像素的坐标在转换的过程中会存在误差, 最后求出的复指数矩也会引入舍入误差, 使得在利用指数矩进行图像识别时导致误差率上升, 而在进行图像的重建时也会导致重建图像的质量严重恶化. 不仅在计算指数矩时存在这个问题, 所有具有旋转不变性的图像矩 (如正交傅里叶–梅林矩[2]、切比雪夫–傅里叶矩[3]、圆谐–傅里叶矩[4] 和雅可比–傅里叶矩[5] 等) 的计算中, 都存在同样的问题, 都需要将图像从直角坐标系向极坐标系进行转换. 在下一节中, 将详细讨论直角坐标系下直接计算具有旋转不变性图像矩的算法.

4.1.2   直角坐标系下图像复指数矩的计算

极坐标系下, 按照复指数矩的定义式计算图像复指数矩时, 应先将图像归一化到单位圆中, 公式 (3.92) 的积分区域如图 4.3 所示.

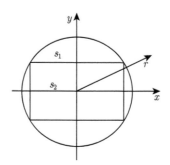

图 4.3   复指数矩的积分计算区域

其中单位圆 s_1 是极坐标下计算复指数矩的积分区域, 矩形 s_2 是归一化后图像所在区域. 由第 3 章中计算复指数矩的公式 (3.92) 可得

$$
\begin{aligned}
\phi_{mn} &= \frac{1}{2\pi} \int_0^{2\pi} \int_0^1 f(r,\theta)\,Q_n(r)\exp(-\mathrm{j}m\theta)\,r\mathrm{d}r\mathrm{d}\theta \\
&= \frac{1}{2\pi} \iint\limits_{s_1} f(r,\theta)\,Q_n(r)\exp(-\mathrm{j}m\theta)\,\mathrm{d}s \\
&= \frac{1}{2\pi} \iint\limits_{s_2} f(r,\theta)\,Q_n(r)\exp(-\mathrm{j}m\theta)\,\mathrm{d}s \\
&\quad + \frac{1}{2\pi} \iint\limits_{s_1 - s_2} f(r,\theta)\,Q_n(r)\exp(-\mathrm{j}m\theta)\,\mathrm{d}s
\end{aligned}
\tag{4.9}
$$

由图 4.3 可知, $s_1 - s_2$ 的区域不是图像所在的区域, 其中没有图像的像素值, 对矩的值没有贡献, 因此这一部分的积分为零, 则图像的复指数矩可表示为

$$
\phi_{mn} = \frac{1}{2\pi} \iint\limits_{s_2} f(r,\theta)\,Q_n(r)\exp(-\mathrm{j}m\theta)\,\mathrm{d}s
\tag{4.10}
$$

对公式 (4.10) 作如下变形, 得到复指数矩计算公式:

$$
\begin{aligned}
\phi_{nm} &= \iint\limits_{s_2} f(r,\theta)\, Q_n(r) \exp(-jm\theta)\, r\mathrm{d}r\mathrm{d}\theta \\
&= \iint\limits_{s_2} f(x,y) Q_n\left(\frac{2\sqrt{x^2+y^2}}{\sqrt{M^2+N^2}}\right) \exp\left(-\mathrm{j}m \arctan\left(\frac{y}{x}\right)\right) \mathrm{d}x\mathrm{d}y \\
&= \int_0^\infty \int_{-\infty}^\infty f(x,y)\, Q_n\left(\frac{2\sqrt{x^2+y^2}}{\sqrt{M^2+N^2}}\right) \exp\left(-\mathrm{j}m \arctan\left(\frac{y}{x}\right)\right) \mathrm{d}x\mathrm{d}y \\
&\quad + \int_{-\infty}^0 \int_{-\infty}^\infty f(x,y)\, Q_n\left(\frac{2\sqrt{x^2+y^2}}{\sqrt{M^2+N^2}}\right) \exp\left(-\mathrm{j}m \arctan\left(\frac{y}{x}\right)+\pi\right) \mathrm{d}x\mathrm{d}y
\end{aligned}
\tag{4.11}
$$

公式中 M, N 是图像纵向和横向的尺度. 可以将 (4.11) 的积分表达式转化为离散求和形式.

直角坐标系下, 用公式 (4.11) 计算复指数矩, 不必再用插值方法将图像的每个像素从直角坐标系到极坐标系进行转换, 不仅减少了计算量, 简化了算法, 而且避免了对像素坐标四舍五入的近似计算, 彻底避免了坐标转换带来的误差, 提高了复指数矩的计算精度. 使得在利用复指数矩进行图像的识别时大幅地降低了误判率, 而利用复指数矩重建的图像也更为清晰.

4.1.3 直角坐标系下具有多畸变不变性图像矩的计算

直角坐标系下计算复指数矩的方法可以推广到所有其他的具有多畸变不变性的正交图像矩 (如正交傅里叶–梅林矩[2]、切比雪夫–傅里叶矩[3]、圆谐–傅里叶矩[4] 和雅可比–傅里叶矩[5] 等) 中, 这是因为具有多畸变不变性的正交图像矩都有如下定义:

在极坐标系 (r,θ) 中, 先定义函数系 $P_{nm}(r,\theta)$ 包括径向函数 $J_n(r)$ 和角向函数 $\mathrm{e}^{-\mathrm{j}m\theta}$ 两个部分:

$$
P_{nm}(r,\theta) = J_n(r)\exp(-\mathrm{j}m\theta)
\tag{4.12}
$$

函数系 $P_{nm}(r,\theta)$ 在 $0 \leqslant r \leqslant 1$, $0 \leqslant \theta \leqslant 2\pi$ 内是正交的:

$$
\int_0^{2\pi} \int_0^1 P_{nm}(r,\theta) P_{kl}(r,\theta) r\mathrm{d}r\mathrm{d}\theta = \delta_{nmkl}
\tag{4.13}
$$

其中, δ_{nmkl} 是克罗内克符号, $r=1$ 为特定情形下物体的最大尺寸, 按照函数正交理论, 极坐标系中, 图像函数 $f(r, \theta)$ 可以分解为函数系 $P_{nm}(r, \theta)$ 无限加权和:

$$f(r, \theta) = \sum_{n=0}^{\infty} \sum_{m=-\infty}^{\infty} \varphi_{nm} J_n(r) \exp(\mathrm{j}m\theta) \tag{4.14}$$

其中,

$$\varphi_{nm} = \int_0^{2\pi} \int_0^1 f(r, \theta) J_n(r) \exp(-\mathrm{j}m\theta) \, r\mathrm{d}r\mathrm{d}\theta \tag{4.15}$$

公式 (4.15) 即为具有多畸变不变性正交图像矩的一般形式. 比较公式 (4.15) 与公式 (4.10), 可以很容易地得到具有旋转不变性的正交图像矩在直角坐标系下的计算公式 (4.16)~(4.17).

在第一、四象限中:

$$\varphi_{mn} = \iint\limits_s f(x, y) J_n\left(\frac{2\sqrt{x^2 + y^2}}{\sqrt{M^2 + N^2}}\right) \exp\left(-\mathrm{j}m \arctan\left(\frac{y}{x}\right)\right) \mathrm{d}x\mathrm{d}y \tag{4.16}$$

在第二、三象限中:

$$\varphi_{mn} = \iint\limits_s f(x, y) J_n\left(\frac{2\sqrt{x^2 + y^2}}{\sqrt{M^2 + N^2}}\right) \exp\left(-\mathrm{j}m \arctan\left(\frac{y}{x}\right) + \pi\right) \mathrm{d}x\mathrm{d}y \tag{4.17}$$

4.1.4   在直角坐标系下利用复指数矩重建图像

根据正交函数理论, 利用有限个图像矩可以近似地重建原图像. 公式 (4.18) 为采用指数矩在极坐标系下近似重建原图像的公式.

$$\widehat{f}(r, \theta) \approx \sum_{n=0}^{L} \sum_{m=-K}^{K} \phi_{nm} Q_n(r) \exp(\mathrm{j}m\theta) \tag{4.18}$$

可以得到直角坐标系下图像的近似重建公式 (4.19)~(4.20).

在第一、四象限中:

$$\widehat{f}(x, y) \approx \sum_{n=0}^{N} \sum_{m=-K}^{M} \phi_{nm} Q_n\left(\frac{2\sqrt{x^2 + y^2}}{\sqrt{M^2 + N^2}}\right) \exp\left(\mathrm{j}m \arctan\left(\frac{y}{x}\right)\right) \tag{4.19}$$

在第二、三象限中:

$$\widehat{f}(x, y) \approx \sum_{n=0}^{L} \sum_{m=-K}^{K} \phi_{nm} Q_n\left(\frac{2\sqrt{x^2 + y^2}}{\sqrt{M^2 + N^2}}\right) \exp\left(\mathrm{j}m \arctan\left(\frac{y}{x}\right) + \pi\right) \tag{4.20}$$

在公式 (4.19) 和 (4.20) 中, n 和 m 的最大值 L 和 M 的值越大, 则重建的图像越接近原图像, 但是由重建实验可知, 当 L 和 M 的值大到一定程度后, 如果继续增大 L 和 M 的值, 重建图像的 NIRE 将不再减小, 反而会急剧上升, 导致重建图像的质量急剧恶化. 这是计算的不稳定造成的.

将式 (4.19) 与 (4.20) 相加, 得到直角坐标系下整个近似重构图像 $\widehat{f}(x,y)\,\phi_{nm}$ 为图像的复指数矩. 省去了图像转换的麻烦, 降低了计算量, 避免了图像转换时带来的误差, 提高了重建图像的质量.

4.1.5　两种图像矩算法性能的比较

为了比较两种坐标系下图像矩的计算结果, 先在极坐标系下计算图像的复指数矩, 并利用得到的复指数矩在直角坐标系下重建图像, 然后利用在直角坐标系下重新计算该图像的指数矩, 并在直角坐标系下重建图像. 最后计算重建图像的归一化图像重建误差 (NIRE).

实验中采用了一个像素为 64×64 的灰阶 E 字母图片作为实验对象, 利用 MATLAB7.0 作为软件平台, 计算机为宏碁公司生产的 5052 型笔记本电脑, CPU 为 AMD 公司的炫龙 TL-50, 1G 内存.

图 4.4 最上面的 E 字母为 64×64 像素的灰阶原图片, 第二行为极坐标系下计算的复指数矩的重建图像, 所用矩的阶数为 $M = N = 1024$; 第三行为直角坐标系下计算的复指数矩重建的图像, 所用复指数矩阶数为分别 $K = L = 5, 7, 10, 12, 15, 17, 20$. 与原图像相比可以看出, 直角坐标系下的重建图像效果更好. 极坐标下的重建图像与原图像相比显得比较昏暗, 与原图像相差较大, 这是由于在极坐标系下计算图像的复指数矩时需要将图像转换到极坐标系下, 在转换的过程中对图像坐标的近似取值带来的转换误差所造成的.

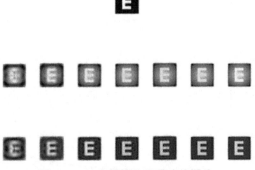

图 4.4　E 字母图片及重建的图片

图中第一行, 原图像; 第二行, 极坐标系中计算的复指数矩重建图像; 第三行, 直角坐标系中计算的复指数矩重建图像

　　图 4.5 中纵坐标是图像的归一化图像重建误差 (NIRE), 横坐标是重建图像时
所用复指数矩的最高阶数. line1 表示直角坐标系下得到的复指数矩的归一化图像
重建误差, line2 表示极坐标系下得到的复指数矩的归一化图像重建误差. 在极坐
标系下的归一化图像重建误差比直角坐标系下归一化图像重建误差大得多.

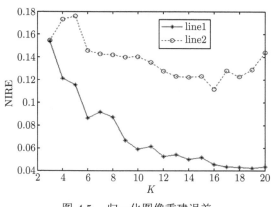

图 4.5　归一化图像重建误差

　　在极坐标系下, 如果希望得到更为精确的复指数矩的值, 减小归一化图像重
建误差, 则需要增大单位圆中划分极径和极角的数量, 但这样做会导致计算量大
幅上升.

　　图 4.6 表示在两种坐标系下计算并重建图像时所耗费的时间. 图中横坐标
是计算和重建图像时所用的矩的最高阶数, 纵坐标是复指数矩计算和重建图像所
耗费的时间. line1 是在直角坐标系下所耗费的时间, line2 是在极坐标系下所耗

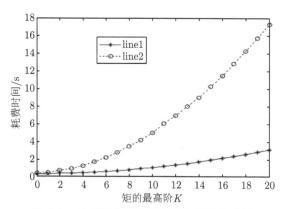

图 4.6　计算图像矩及重建图像所耗费时间

费的时间. 图 4.6 显示在直角坐标系下运算所花费的时间远小于在极坐标系下所需的时间, 说明在直角坐标系中计算复指数矩计算量远小于在极坐标系下的运算量.

4.1.6 小结

本节讨论了一种多畸变不变性图像矩的快速算法, 不需要将图像转换到极坐标系下, 直接在直角坐标系下计算图像矩并重建图像. 这种算法不仅可以大幅降低计算量, 简化算法, 而且彻底避免了由于像素坐标转换带来的舍入误差, 实验结果也表明利用这种算法求解具有多畸变不变性的图像矩更为精确, 耗时也更少. 这种更为精确和快速的多畸变不变图像矩算法, 可以提高图像的识别率, 在图像处理的其他领域也具有重要的意义.

4.2 根据基函数对称反对称性质的复指数矩的快速算法

图像矩的计算是其在多畸变不变模式识别中的一个关键问题. 关于图像矩的计算最重要的有两个方面. 一方面是精确计算, 另一方面是快速计算, 这两个方面对图像矩的应用都是非常重要的. 本节在研究复指数矩基函数的基础上, 讨论计算复指数矩的快速算法和重构图像的快速算法.

复指数矩是定义在单位圆内的积分运算, 该算法首先根据公式计算出单位圆上八分之一区域内的基函数值, 然后根据复指数矩基函数的对称性和反对称性得出整个单位圆内的基函数值. 基于此, 该算法的积分区域变成直接算法 (利用公式直接计算的方法) 的八分之一. 与利用公式计算的直接算法相比, 该算法有效地减少了计算基函数值的乘法运算量, 降低了计算复杂度. 在利用复指数矩重构图像时, 根据基函数的性质提出一种重构图像的快速算法, 该算法首先根据公式计算重构图像在八分之一像素点的函数值, 然后根据基函数的对称性和反对称性得出重构图像在其他像素点的函数值. 与直接算法重构图像相比, 该算法有效地减少了乘法运算量, 是复指数矩重构图像的一种快速算法. 雅可比–傅里叶矩和圆谐–傅里叶矩的基函数具有和复指数矩的基函数同样的对称性和反对称性, 也提出了计算这些图像矩及重构图像的快速算法.

通过重构图像的仿真实验, 验证在不改变图像矩精确度的前提下, 快速算法有效地减少了计算时间、加快了计算速度.

4.2.1 复指数矩基函数

复指数矩基函数 $Q_{km}(r,\theta)$ 由两部分组成: 径向函数 $A_k(r)$ 和角向函数 $\exp(-jm\theta)$. 首先讨论径向函数 $A_k(r)$, 它是复指数函数, 分成实部和虚部给出 $A_k(r)$ 的图形. 图 4.7 是 $A_k(r)$ 的图形, 其中横坐标为半径 r, 变化范围从 0 到 1,

纵坐标是 $A_k(r)$ 的函数值, 图 4.7(a) 给出 5 个 $A_k(r)$ 实部的图形, 其中径向因子 $k = 0, 1, 2, 3, 4$, 图 4.7(b) 给出对应的 5 个虚部的图形. 径向基函数的零点数目和分布情况代表了复指数矩描述图像高频信息的能力, 复指数矩径向函数 $A_k(r)$ 的零点数目由正弦和余弦函数的性质决定, 它的实部在 $[0,1]$ 内有 $2k$ 个零点, 虚部在 $[0,1]$ 内有 $2k + 1$ 个零点, 用较高阶的 $A_k(r)$ 可以更清楚地观察零点的数目和分布情况, 图 4.8 是 $k = 10$ 时径向基函数 $A_{10}(r)$ 的图形, 图 4.8(a) 是它的实部的图形, 图 4.8(b) 是它的虚部的图形, 在 $[0,1]$ 内, $A_{10}(r)$ 的实部有 20 个零点, 虚部有 21 个零点. 由于 $A_k(r)$ 的零点数目随着 k 的增加而增加, 所以高阶复指数矩描述了图像径向的高频信息. 观察图 4.7 和图 4.8 可看出 $A_k(r)$ 的零点位置在 $[0,1]$ 内几乎是均匀分布的, 与泽尼克矩径向基函数图形图 3.3 和图 3.4 相比, 复指数矩对图像细节的描述能力是更加均匀的.

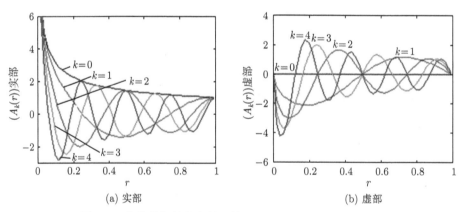

图 4.7　复指数矩的径向基函数 $A_k(r), k = 0, 1, 2, 3, 4$ 图形

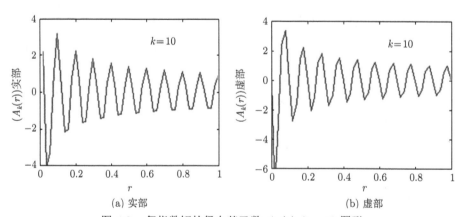

图 4.8　复指数矩的径向基函数 $A_k(r), k = 10$ 图形

下面给出复指数矩基函数 $Q_{km}(r,\theta)$ 的图形, 复指数矩基函数是定义在单位圆内的二元函数, 图 4.9 是 $k=1, m=0$ 时的基函数 $Q_{10}(r,\theta)$ 的图形, 图 4.9 (a) 是 $Q_{10}(r,\theta)$ 实部的图形, 图 4.9 (b) 是虚部的图形. 随着复指数矩阶数的增加, 它的基函数图形更加复杂. 图 4.10 是 $k=2, m=10$ 时的基函数 $Q_{2,10}(r,\theta)$ 的图形, 图 4.10 (a) 是 $Q_{2,10}(r,\theta)$ 实部图形, 图 4.10 (b) 是虚部的图形. $Q_{km}(r,\theta)$ 关于原点对称, 所以原图像及其旋转图像的复指数矩相差一个相位因子, 而模是相同的.

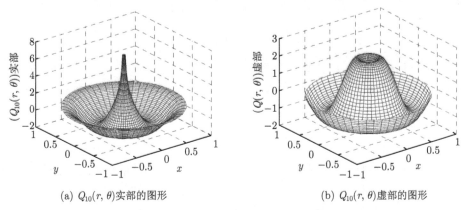

(a) $Q_{10}(r,\theta)$ 实部的图形   (b) $Q_{10}(r,\theta)$ 虚部的图形

图 4.9　指数矩基函数 $Q_{10}(r,\theta)$ 的图形

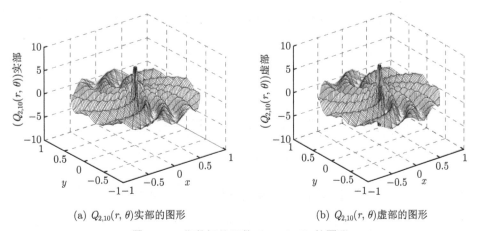

(a) $Q_{2,10}(r,\theta)$ 实部的图形   (b) $Q_{2,10}(r,\theta)$ 虚部的图形

图 4.10　指数矩基函数 $Q_{2,10}(r,\theta)$ 的图形

4.2.2　基函数的对称性和反对称性

根据公式 (3.92) 可知, 如果要计算一个数字图像的复指数矩, 首先需要计算所有像素点位置上的基函数值, 所以了解基函数的性质有利于指数矩的计算. 复指数矩的基函数包括径向和角向函数两部分, 角向函数为复指数函数, 根据欧拉

公式可以将角向函数表示为正弦和余弦三角函数. 正弦和余弦三角函数在其函数周期内具有确定的对称性和反对称性, 下面根据正弦和余弦三角函数的对称性和反对称性, 讨论复指数矩的基函数在其定义域内的对称性和反对称性.

图像的复指数矩是定义在单位圆内的积分运算. 图 4.11 表示归一化到单位圆内部的一个 $N \times N$ 的数字图像. 在图像上任取一点 p_1, 它的像素坐标为 (i, j), 直角坐标下复指数矩基函数在 (i, j) 点的函数值为

$$Q_{km}(p_1) = A_k(r_{ij}) \cos m\theta_{ij} + \mathrm{j}A_k(r_{ij}) \sin m\theta_{ij}$$

$$= Q_{km}(p_1)^1 + \mathrm{j}Q_{km}(p_1)^2 \tag{4.21}$$

其中, r_{ij} 和 θ_{ij} 表示 p_1 点归一化的极坐标, $Q_{km}(p_1)^1$ 表示 p_1 点的径向函数与角向函数实部的乘积, $Q_{km}(p_1)^2$ 表示 p_1 点的径向函数与角向函数虚部的乘积. 图 4.11 中有 7 个点与 p_1 点具有确定的几何对称性, 其中 p_2 点和 p_1 点关于直线 $y = x$ 对称, p_3 点与 p_2 点关于 y 轴对称, p_4 点与 p_1 点关于 y 轴对称, p_5 点与 p_4 点关于 x 轴对称, p_6 点与 p_3 点关于 x 轴对称, p_7 点与 p_6 点关于 y 轴对称, p_8 点与 p_1 点关于 x 轴对称. 由式 (4.7) 和正弦、余弦三角函数的性质可知, 这 7 个点的基函数值与 p_1 点的基函数值之间具有确定的关系, 只要计算出 p_1 点的基函数值, 就可通过它们之间的关系求出另外 7 个点的基函数值, 然后根据这 8 个点上基函数值的关系可以得到复指数矩的基函数在单位圆内的对称性和反对称性, 下面根据这 8 个点的几何对称性和式 (4.7) 来给出这 8 个点上基函数值的关系.

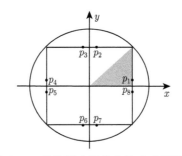

图 4.11　单位圆内图像上的 8 个对称点

已知 p_1 点的像素坐标为 (i, j), 令它的极坐标为 (r_1, θ_1), 根据这 8 个点的几何对称关系, 可以将其余 7 个点的坐标用 p_1 点的坐标表示:

p_2 点的像素坐标: $(N - j + 1, N - i + 1)$;　　p_2 点的极坐标: $(r_1, \pi/2 - \theta_1)$

p_3 点的像素坐标: $(N - j + 1, i)$;　　p_3 点的极坐标: $(r_1, \pi/2 + \theta_1)$

p_4 点的像素坐标: $(i, N - j + 1)$;　　p_4 点的极坐标: $(r_1, \pi - \theta_1)$

p_5 点的像素坐标: $(N - i + 1, N - j + 1)$; p_5 点的极坐标: $(r_1, \pi + \theta_1)$

p_6 点的像素坐标: (j, i); p_6 点的极坐标: $(r_1, 3\pi/2 - \theta_1)$

p_7 点的像素坐标: $(j, N - i + 1)$; p_7 点的极坐标: $(r_1, 3\pi/2 + \theta_1)$

p_8 点的像素坐标: $(N - i + 1, j)$; p_8 点的极坐标: $(r_1, 2\pi - \theta_1)$

根据几何对称性和三角函数的性质整理这 8 个点的基函数值之间的关系, 它们之间的关系分为四种情况: $m = 4M$, $m = 4M + 1$, $m = 4M + 2$ 和 $m = 4M + 3$, 其中 M 为整数.

当 $m = 4M$ 时, 这 8 个点的基函数值之间的关系为

$$Q_{km=4M}(p_1)^1 = Q_{km=4M}(p_2)^1 = Q_{km=4M}(p_3)^1 = Q_{km=4M}(p_4)^1$$
$$= Q_{km=4M}(p_5)^1 = Q_{km=4M}(p_6)^1 = Q_{km=4M}(p_7)^1 = Q_{km=4M}(p_8)^1 \quad (4.22)$$

$$Q_{km=4M}(p_1)^2 = -Q_{km=4M}(p_2)^2 = Q_{km=4M}(p_3)^2 = -Q_{km=4M}(p_4)^2$$
$$= Q_{km=4M}(p_5)^2 = -Q_{km=4M}(p_6)^2 = Q_{km=4M}(p_7)^2 = -Q_{km=4M}(p_8)^2 \quad (4.23)$$

其中, $Q_{km=4M}(p_i)^1, i = 0, 1, 2, \cdots, 8$ 表示在 $p_i(i = 0, 1, 2, \cdots, 8)$ 点的径向基函数与角向基函数的实部的乘积, $Q_{km=4M}(p_i)^2, i = 0, 1, 2, \cdots, 8$ 表示在 $p_i(i = 0, 1, 2, \cdots, 8)$ 点的径向基函数与角向基函数的虚部的乘积. 当 $m = 4M + 1$ 时, 这 8 个点的基函数值之间的关系为

$$Q_{km=4M+1}(p_1)^1 = Q_{km=4M+1}(p_2)^2 = Q_{km=4M+1}(p_3)^2 = -Q_{km=4M+1}(p_4)^1$$
$$= -Q_{km=4M+1}(p_5)^1 = -Q_{km=4M+1}(p_6)^2 = -Q_{km=4M+1}(p_7)^2 = Q_{km=4M+1}(p_8)^1$$
$$(4.24)$$

$$Q_{km=4M+1}(p_1)^2 = Q_{km=4M+1}(p_2)^1 = -Q_{km=4M+1}(p_3)^1 = Q_{km=4M+1}(p_4)^2$$
$$= -Q_{km=4M+1}(p_5)^2 = -Q_{km=4M+1}(p_6)^1 = Q_{km=4M+1}(p_7)^1 = -Q_{km=4M+1}(p_8)^2$$
$$(4.25)$$

当 $m = 4M + 2$ 时, 这 8 个点的基函数值之间的关系为

$$Q_{km=4M+2}(p_1)^1 = -Q_{km=4M+2}(p_2)^1 = -Q_{km=4M+2}(p_3)^1 = Q_{km=4M+2}(p_4)^1$$
$$= Q_{km=4M+2}(p_5)^1 = -Q_{km=4M+2}(p_6)^1 = -Q_{km=4M+2}(p_7)^1 = Q_{km=4M+2}(p_8)^1$$
$$(4.26)$$

$$Q_{km=4M+2}(p_1)^2 = Q_{km=4M+2}(p_2)^2 = -Q_{km=4M+2}(p_3)^2 = -Q_{km=4M+2}(p_4)^2$$
$$= Q_{km=4M+2}(p_5)^2 = Q_{km=4M+2}(p_6)^2 = -Q_{km=4M+2}(p_7)^2 = -Q_{km=4M+2}(p_8)^2$$
$$\tag{4.27}$$

当 $m = 4M + 3$ 时, 这 8 个点的基函数值之间的关系为

$$Q_{km=4M+3}(p_1)^1 = -Q_{km=4M+3}(p_2)^2 = -Q_{km=4M+3}(p_3)^2 = -Q_{km=4M+3}(p_4)^1$$
$$= -Q_{km=4M+3}(p_5)^1 = Q_{km=4M+3}(p_6)^2 = Q_{km=4M+3}(p_7)^2 = Q_{km=4M+3}(p_8)^1$$
$$\tag{4.28}$$

$$Q_{km=4M+3}(p_1)^2 = -Q_{km=4M+3}(p_2)^1 = Q_{km=4M+3}(p_3)^1 = Q_{km=4M+3}(p_4)^2$$
$$= -Q_{km=4M+3}(p_5)^2 = Q_{km=4M+3}(p_6)^1 = -Q_{km=4M+3}(p_7)^1 = -Q_{km=4M+3}(p_8)^2$$
$$\tag{4.29}$$

上面的等式给出了 8 个点 $p_i(i = 0, 1, 2, \cdots, 8)$ 的基函数值之间的关系, 这些等式反映了指数矩的基函数在单位圆内的对称性和反对称性. 以 $m = 4M$ 为例给出基函数的对称性和反对称性, 根据式 (4.21) 的方法将基函数值分为两部分, 第一部分 $Q_{km=4M}(p)^1$(p 代表图像中的像素点) 在单位圆内关于 $y = x$ 对称、关于 $y = 0$ 对称、关于 $x = 0$ 对称、关于 $y = -x$ 对称, 第二部分 $Q_{km=4M}(p)^2$ 在单位圆内关于 $y = x$ 反对称、关于 $y = 0$ 反对称、关于 $x = 0$ 反对称、关于 $y = -x$ 反对称. 实际上复指数矩基函数的对称性和反对称性是由正弦和余弦三角函数在其定义域内的对称性和反对称性决定, 根据以上分析可知, 如果利用公式计算出单位圆内任一点的基函数值, 就有 7 个与之对应的点的基函数值可以通过上面的关系式直接得到, 而不需要再利用公式计算. 所以, 只要计算出单位圆的八分之一范围内 (图 4.11 阴影部分区域) 复指数矩的基函数值, 就可以根据上面的关系式直接得到整个单位圆内的函数值.

4.2.3 利用基函数性质计算指数矩及重构图像的快速算法

由复指数矩的定义, 根据本节得到的复指数矩基函数的对称性和反对称性, 给出计算复指数矩和重构图像的快速算法.

4.2.3.1 利用基函数的性质计算复指数矩的快速算法

直角坐标下计算数字图像的复指数矩是在每个像素点位置上用基函数值与图像函数值相乘然后对所有像素点上的乘积求和. 根据上节分析可知, 计算出一个像素点上的基函数值与图像函数值的乘积, 就可以根据上一节得出对称反对称的

关系, 得到其余 7 个像素点上基函数值与图像函数值的乘积, 而不必如直接算法, 计算这 8 个点上基函数值与图像函数值乘积. 从而有效地减少计算复指数矩的运算量.

以 $m = 4M$ 的情况为例, 用直接算法计算 8 个点 $p_i(i = 0, 1, 2, \cdots, 8)$ 上的基函数值与图像函数值的乘积再求和可以表示为

$$\sum_{i=1}^{8} f(p_i)(Q_{km=4M}(p_i)^1 + Q_{km=4M}(p_i)^2)$$

$$= f(p_1)(Q_{km=4M}(p_1)^1 + jQ_{km=4M}(p_1)^2)$$
$$+ f(p_2)(Q_{km=4M}(p_2)^1 + jQ_{km=4M}(p_2)^2)$$
$$+ f(p_3)(Q_{km=4M}(p_3)^1 + jQ_{km=4M}(p_3)^2)$$
$$+ f(p_4)(Q_{km=4M}(p_4)^1 + jQ_{km=4M}(p_4)^2)$$
$$+ f(p_5)(Q_{km=4M}(p_5)^1 + jQ_{km=4M}(p_5)^2)$$
$$+ f(p_6)(Q_{km=4M}(p_6)^1 + jQ_{km=4M}(p_6)^2)$$
$$+ f(p_7)(Q_{km=4M}(p_7)^1 + jQ_{km=4M}(p_7)^2)$$
$$+ f(p_8)(Q_{km=4M}(p_8)^1 + jQ_{km=4M}(p_8)^2) \tag{4.30}$$

其中 $f(p_i)$ 表示 $p_i(i = 0, 1, 2, \cdots, 8)$ 点的图像函数值. 上式右端计算包括: 将 8 个点的像素坐标转化为单位圆内归一化的坐标; 计算基函数在 8 个点的函数值 (由两部分组成), 再与相应的像素点上的图像函数值相乘; 将第二步中计算的 8 个结果相加即可. 利用复指数矩基函数的性质计算这 8 个点的基函数值与图像函数值乘积之和可以表示为

$$\sum_{i=1}^{8} f(p_i)(Q_{km=4M}(p_i)^1 + jQ_{km=4M}(p_i)^2)$$

$$= (f(p_1) + f(p_2) + f(p_3) + f(p_4) + f(p_5) + f(p_6) + f(p_7) + f(p_8))$$
$$\times (Q_{km=4M}(p_i)^1 + jQ_{km=4M}(p_i)^2) \tag{4.31}$$

上式右端包括以下计算:

(1) 将一个像素点的坐标转化为单位圆内归一化的坐标;

(2) 计算基函数在一个点的函数值 (由两部分组成), 再与 8 个像素点上的图像函数值之和相乘即可.

从以上分析可以看出, 与直接算法相比, 基于基函数的性质计算复指数矩的算法将乘法运算量减为八分之一, 加法运算量不变. 根据公式 (3.93′) 和公式 (4.22)~(4.29), 直角坐标下利用基函数的性质计算一个 $N \times N$ 数字图像 $f(i,j)$ 的指数矩时它的求和区域为直接算法的八分之一 (图 4.11 中的阴影部分), 利用基函数的性质计算指数矩的表达式为

$$E_{km} = \frac{1}{2\pi N^2} \sum_{i=1}^{N/2} \sum_{j=N+1-i}^{N} A_k(r_{ij})(g_m^R(i,j) - \mathrm{J}g_m^I(i,j)) \tag{4.32}$$

其中, J 表示虚数单位 (为了与求和变量 j 区别), r_{ij} 表示 (i,j) 点的半径, $g_m^R(i,j)$ 表示在 (i,j) 点以及与之相应的 7 个对称点上的图像函数值与角向基函数值实部的乘积之和, $g_m^I(i,j)$ 表示在 (i,j) 点以及与之相应的 7 个对称点上的图像函数值与角向基函数值虚部的乘积之和. $g_m^R(i,j)$ 和 $g_m^I(i,j)$ 是与 m 值有关的函数, 假设 p_1 点代表图 4.11 中阴影内的任一点 (i,j), 则 $g_m^R(i,j)$ 和 $g_m^I(i,j)$ 的表达式为

$$
\begin{aligned}
g_{m=4M}^R(i,j) = [&f(1) + f(2) + f(3) + f(4) \\
& + f(5) + f(6) + f(7) + f(8)] \cos m\theta_{ij} \\
g_{m=4M}^I(i,j) = [&f(1) - f(2) + f(3) - f(4) \\
& + f(5) - f(6) + f(7) - f(8)] \sin m\theta_{ij}
\end{aligned}
\tag{4.33}
$$

$$
\begin{aligned}
g_{m=4M+1}^R(i,j) = &[f(1) - f(4) - f(5) + f(8)] \cos m\theta_{ij} \\
& + [f(2) - f(3) - f(6) + f(7)] \sin m\theta_{ij} \\
g_{m=4M+1}^I(i,j) = &[f(1) + f(4) - f(5) - f(8)] \sin m\theta_{ij} \\
& + [f(2) + f(3) - f(6) - f(7)] \cos m\theta_{ij}
\end{aligned}
\tag{4.34}
$$

$$
\begin{aligned}
g_{m=4M+2}^R(i,j) = [&f(1) - f(2) - f(3) + f(4) \\
& + f(5) - f(6) - f(7) + f(8)] \cos m\theta_{ij} \\
g_{m=4M+2}^I(i,j) = [&f(1) + f(2) - f(3) - f(4) \\
& + f(5) + f(6) - f(7) - f(8)] \sin m\theta_{ij}
\end{aligned}
\tag{4.35}
$$

$$g_{m=4M+3}^R(i,j) = [f(1) - f(4) - f(5) + f(8)] \cos m\theta_{ij}$$

$$+ [-f(2) + f(3) + f(6) - f(7)] \sin m\theta_{ij}$$

$$g^I_{m=4M+3}(i,j) = [f(1) + f(4) - f(5) - f(8)] \sin m\theta_{ij}$$

$$+ [-f(2) - f(3) + f(6) + f(7)] \cos m\theta_{ij} \qquad (4.36)$$

其中, θ_{ij} 表示 (i,j) 点在极坐标下的角度, $f(1)$ 为 p_1 点的图像函数值 $f(i,j)$, $f(k), k = 2, 3, \cdots, 8$ 表示 $p_k(k = 2, 3, \cdots, 8)$ 点的图像函数值.

该算法中需要强调两点:

第一, 当 p_1 点位于图像对角线上时, 实际上与之相对应的点只有 3 个点 p_4, p_5 和 p_8, 而当 p_1 是位于其他位置上的点时则有 7 个点与之对应. 所以在计算的过程中, 当行列坐标 (i,j) 满足 $j = N + 1 - i$ 时, $g^R_m(i,j)$ 和 $g^I_m(i,j)$ 的计算公式中, 只出现四个像素点. 以 $m = 4M$ 为例, 给出 $g^R_m(i,j)$ 和 $g^I_m(i,j)$ 的表达式:

$$g^R_{m=4M}(i,j) = [f(1) + f(4) + f(5) + f(8)] \cos m\theta_{ij}$$
$$g^I_{m=4M}(i,j) = [f(1) - f(4) + f(5) - f(8)] \sin m\theta_{ij} \qquad (4.37)$$

在计算复指数矩的程序中, 要考虑这些特殊点的情况.

第二, 该算法只适用于图像的形状为正方形的情况, 当图像形状为长方形时, 算法并不适用. 但是对一般情况下的图像 (长方形图像) 利用基函数的性质可以将求和范围变为直接算法的四分之一, 所以根据相同的方法, 利用基函数的性质也可以快速计算指数矩和重构图像.

本节给出了利用基函数性质计算指数矩的快速算法, 采用与该算法相同的计算过程, 在计算公式中用雅可比–傅里叶矩径向基函数 $J_n(p, q, r)$ 代替指数矩基函数 $A_k(r)$, 可得出基于雅可比–傅里叶矩基函数性质计算雅可比–傅里叶矩的快速算法理论. 在 $J_n(p, q, r)$ 中取 $p = 2, q = 3/2$, 即为切比雪夫–傅里叶矩的快速算法理论. 同理, 利用圆谐–傅里叶矩的径向基函数 $T_n(r)$ 代替指数矩基函数 $A_k(r)$, 可得出基于圆谐–傅里叶矩基函数的性质计算圆谐–傅里叶矩的快速算法理论.

4.2.3.2 利用基函数的性质重构图像的快速算法

根据基函数的对称性和反对称性, 本小节给出用复指数矩重构图像的快速算法. 在直角坐标下利用有限个复指数矩近似重构图像的公式如 (3.95′). 利用下式计算重构图像在像素点 (i,j) 的图像函数, 需要用所有的 $(2k_{max} + 1) \times (2m_{max} + 1)$ 个指数矩和与之相应的基函数在 (i,j) 点的函数值 $Q_{km}(i,j)$ 相乘, 然后求和, 计算重构图像在一个像素点上的函数值需要一个循环, 这个循环共进行 $(2k_{max} + 1) \times (2m_{max} + 1)$ 次迭代运算, 重构一个 $N \times N$ 的图像需要 $N \times N$ 个循环, 这是利用直接算法重构图像的过程.

$$f(i,j) \approx \sum_{k=-k_{\max}}^{k_{\max}} \sum_{m=-m_{\max}}^{m_{\max}} E_{km} Q_{km}(i,j)$$

$$= \sum_{k=-k_{\max}}^{k_{\max}} \sum_{m=-m_{\max}}^{m_{\max}} E_{km} A_k(r_{i,j}) \exp(\mathrm{j}m\theta_{ij}) \qquad (4.38)$$

根据基函数的对称性和反对称性, 如果利用公式 (4.23) 求得一个点的基函数值 $Q_{km}(p_1)$, 则有 7 个点的基函数值 $Q_{km}(p_k), k = 2, 3, \cdots, 8$ 能通过对称反对称的关系式 (4.22)~(4.29) 求得, 而不用再利用公式 (4.21) 计算. 根据这个方法, 利用一个循环计算一个像素点 p_1 的图像函数值:

$$f(p_1) \approx \sum_{k=-k_{\max}}^{k_{\max}} \sum_{m=-m_{\max}}^{m_{\max}} E_{km} Q_{km}(p_1) \qquad (4.39)$$

同时可以根据基函数的对称性和反对称性而得到重构图像在另外 7 个点的函数值:

$$f(p_2) \approx \sum_{k=-k_{\max}}^{k_{\max}} \sum_{m=-m_{\max}}^{m_{\max}} E_{km} Q_{km}(p_2)$$

$$\cdots\cdots$$

$$f(p_8) \approx \sum_{k=-k_{\max}}^{k_{\max}} \sum_{m=-m_{\max}}^{m_{\max}} E_{km} Q_{km}(p_8) \qquad (4.40)$$

基于该算法, 经过一个循环可得到重构图像在 8 个点的函数值, 因此重构 $N \times N$ 个像素点的图像只需要 $(N \times N)/8$ 个循环. 该算法与直接算法相比, 有效地减少了重构图像的计算量.

基于对称与反对称的快速算法的原理同样适用于切比雪夫–傅里叶矩、雅可比–傅里叶矩和圆谐–傅里叶矩重构图像的过程, 只要在计算过程中代入相应的图像矩的基函数即可得到利用这几种矩重构图像时的快速算法.

4.2.4　快速算法的仿真实验

我们把按照定义计算的复指数矩称为直接算法, 4.2.3 节根据基函数的对称性和反对称性讨论了计算复指数矩、切比雪夫–傅里叶矩、雅可比–傅里叶矩和圆谐–傅里叶矩和利用这些矩重构图像的快速算法. 本节将讨论快速算法和直接算法的仿真实验对比.

4.2.4.1　复指数矩计算及图像重建的快速算法与直接算法的对比

实验图像如图 4.12 所示, 分别采用直接算法和快速算法计算实验图像的复指数矩, 然后用复指数矩重构图像, 对比两种算法的性能.

(a) 64×64 E 字母的二值图像　　　　　　　　　(b) 128×128 lena 灰度图像

图 4.12　　仿真实验图像

用直接算法和快速算法计算图 4.12(a) 的复指数矩的值如表 4.1 所示.

表 4.1　　直接算法和快速算法计算的复指数矩对比

	直接算法	快速算法
$E_{0,0}$	26.93211481100671	26.932114811006713
$E_{0,1}$	$-5.836412267142132 - 0.271926665292894i$	$-5.836412267142127 - 0.271926665292894i$
$E_{1,0}$	$-8.269751155473670 - 10.738139135784195i$	$-8.269751155473688 - 10.738139135784188i$
$E_{1,1}$	$2.174781214347997 + 3.309706676104092i$	$2.174781214347996 + 3.309706676104093i$
$E_{2,0}$	$6.403671293318237 - 1.513562159508759i$	$6.403671293318230 - 1.513562159508761i$
$E_{2,1}$	$1.703057422715260 - 2.920218133936440i$	$1.703057422715261 - 2.920218133936441i$
$E_{3,0}$	$-3.739779669337378 - 3.226202955369249i$	$-3.739779669337380 - 3.226202955369253i$
$E_{3,1}$	$-3.378522756330013 + 0.260580804759797i$	$-3.378522756330015 + 0.260580804759797i$

　　对比表 4.1 中的数据可以看出, 快速算法与直接算法计算的复指数差别很小, 没有降低计算精度, 说明该快速算法是合理的.

　　图 4.13 给出了两种算法计算图 4.12(a) 的复指数矩和重建图像的时间对比, 横轴表示计算复指数矩的最大径向阶数和最大角向阶数 $m_{\max} = K_{\max}$, 纵轴表示计算复指数矩所用的时间. 图 4.13(a) 表示计算复指数矩的时间对比, 图 4.13(b) 表示重构图像所用的时间对比.

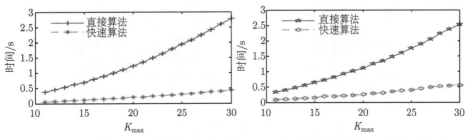

(a) 两种算法计算图4.12(a)复指数矩的时间对比　　　(b) 两种算法重构图4.12(a)的时间对比

图 4.13　　两种算法计算二值图像复指数矩和图像重建的时间对比

图 4.14 表示直接算法和快速算法计算灰度图像图 4.12(b) 的复指数矩及重建图像的时间对比.

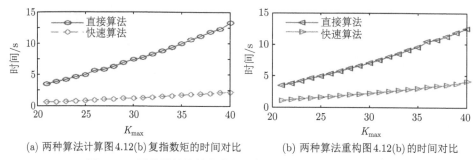

(a) 两种算法计算图 4.12(b) 复指数矩的时间对比   (b) 两种算法重构图 4.12(b) 的时间对比

图 4.14   两种算法计算灰度复指数矩和重构图像的时间对比

从图 4.13 和图 4.14 可以看出, 快速算法计算复指数矩的时间为直接算法的四分之一到六分之一, 重建图像时, 快速算法为直接算法的三分之一到五分之一. 表 4.1 及图 4.13 和图 4.14 表明, 基于基函数的对称性和反对称性的复指数矩的快速算法是合理有效的.

4.2.4.2   计算雅可比–傅里叶矩及重构图像的快速算法与直接算法的对比

采用两种算法计算图 4.15 图像的参数为 $p = 2, q = \dfrac{3}{2}$ 的雅可比–傅里叶矩 (实际就是切比雪夫–傅里叶矩)$\phi_{nm}\left(2, \dfrac{3}{2}\right)$. 最大径向阶数 $n_{\max}$ 取从 3 到 22、角向阶数 $m_{\max} = n_{\max}$, 再用两种算法重构图像, 重构图像最大径向阶数 $n_{\max}$ 取仍为 3 到 22, 最大角向阶数 $m_{\max} = n_{\max}$.

(a) 128×128 lena 图像   (b) 256×256 flower 图像

图 4.15   快速算法计算雅可比–傅里叶矩的实验图像

表 4.2 给出两种算法计算的图 4.15 的 ϕ_{nm} 的值, 对比结果可以看出, 两种算

法计算的雅可比–傅里叶矩基本相同, 说明基于基函数对称和反对称性的快速算法计算雅可比–傅里叶矩是合理的.

表 4.2　直接算法和快速算法计算的雅可比–傅里叶矩对比

	直接算法	快速算法
$\phi_{0,2}$	$-2.225872415170535 + 2.205560572077552i$	$-2.225872415170564 + 2.205560572077556i$
$\phi_{2,2}$	$0.855378207314004 - 2.140475681431077i$	$0.855378207313977 - 2.140475681431060i$
$\phi_{5,5}$	$-0.029614502338071 + 0.368957782475347i$	$-0.029614502338057 + 0.368957782475346i$
$\phi_{8,8}$	$2.317069269302980 - 0.235893108290976i$	$2.317069269302984 - 0.235893108290978i$
$\phi_{10,10}$	$-0.552214452729466 + 0.501813217753872i$	$-0.552214452729468 + 0.501813217753871i$
$\phi_{12,12}$	$-0.326635993231541 + 0.368840464543622i$	$-0.326635993231540 + 0.368840464543624i$
$\phi_{14,14}$	$0.560907224551865 + 0.228146658664847i$	$0.560907224551864 + 0.228146658664845i$
$\phi_{15,15}$	$-0.483088310769092 - 0.080628463073579i$	$-0.483088310769092 - 0.080628463073579i$

图 4.16 给出了两种算法计算图 4.15 的雅可比–傅里叶矩和重构图像的时间对比. 横轴表示最大径向阶数和最大角向阶数 $m_{\max} = n_{\max}$, 取值从 3 到 22, 纵轴表示计算雅可比–傅里叶矩和重建图像所用的时间. 图 4.16(a) 表示计算图 4.15(a) 所用时间对比, 图 4.16(b) 表示重建图 4.15(a) 所用时间对比. 图 4.16(c) 表示计算图 4.15(b) 所用时间对比, 图 4.16(d) 表示重构图 4.15(b) 的时间对比.

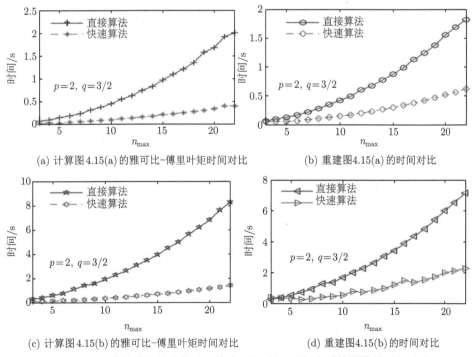

(a) 计算图4.15(a)的雅可比-傅里叶矩时间对比

(b) 重建图4.15(a)的时间对比

(c) 计算图4.15(b)的雅可比-傅里叶矩时间对比

(d) 重建图4.15(b)的时间对比

图 4.16　直接算法和快速算法计算雅可比–傅里叶矩和重构图像的时间对比

由表 4.2 中快速算法和直接算法的结果对比可知, 两种算法所得到的雅可比–傅里叶矩的值十分近似相同, 图 4.16 表明快速算法计算雅可比–傅里叶矩和重建图像所用时间只有直接算法所时间的 15%~20%. 因此得出基于基函数对称和反对称性的快速算法对雅可比–傅里叶矩是合理有效的.

4.2.4.3　计算圆谐–傅里叶矩及重构图像的快速算法与直接算法的对比

图 4.12 为仿真实验图像, 用直接算法和基于基函数对称和反对称的快速算法计算圆谐–傅里叶矩并重构图像. 表 4.3 给出直接算法和快速算法计算图 4.12(a) 的结果, 显示利用两种算法计算的圆谐–傅里叶矩基本相同, 说明本章所提出的快速算法与直接算法相比, 具有同样的精度. 图 4.17 给出了两种算法计算圆谐–傅里叶矩和重构图像的时间对比. 图中横轴表示圆谐–傅里叶矩的最大径向阶数和最大角向阶数 $m_{\max} = n_{\max}$, 纵轴表示计算所用的时间. 图 4.17(a) 表示两种算法计算图 4.12(a) 的圆谐–傅里叶矩的时间对比, 图 4.17(b) 表示两种算法重构图 4.12(a) 所用的时间对比, 图 4.17(c) 表示两种算法计算图 4.12(b) 的圆谐–傅里

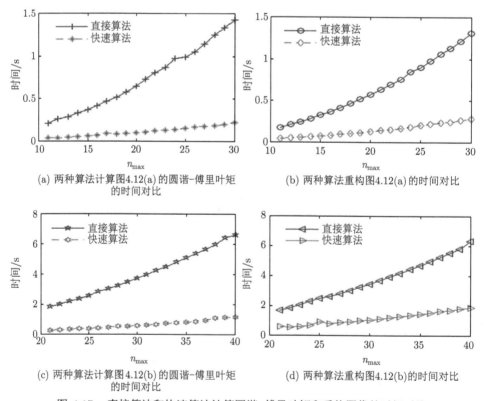

(a) 两种算法计算图4.12(a) 的圆谐–傅里叶矩的时间对比

(b) 两种算法重构图4.12(a) 的时间对比

(c) 两种算法计算图4.12(b) 的圆谐–傅里叶矩的时间对比

(d) 两种算法重构图4.12(b) 的时间对比

图 4.17　直接算法和快速算法计算圆谐–傅里叶矩和重构图像的时间对比

叶矩的时间对比, 图 4.17(d) 表示两种算法重构图 4.12(b) 所用的时间对比.

表 4.3 直接算法和快速算法计算的圆谐–傅里叶矩对比

	直接算法	快速算法
$\phi_{0,0}$	38.08776202911504	38.087762029115050
$\phi_{0,1}$	$-8.253933383793100 - 0.384562378028100i$	$-8.253933383793100 - 0.384562378028101i$
$\phi_{1,0}$	21.4762782715684	21.476278271568376
$\phi_{1,1}$	$-7.693855063246822 - 1.985976267286087i$	$-7.693855063246825 - 1.985976267286087i$
$\phi_{2,0}$	-16.539502310947373	-16.539502310947377
$\phi_{2,1}$	$6.335538695982081 - 1.074441711038638i$	$6.335538695982078 - 1.074441711038637i$
$\phi_{3,0}$	3.027124319017516	3.027124319017521
$\phi_{3,1}$	$6.295291393527351 + 1.028829652902676i$	$6.295291393527355 + 1.028829652902676i$

由表 4.3 中快速算法和直接算法的结果对比可知, 两种算法所得到的圆谐–傅里叶矩的值十分近似地相同, 图 4.17 表明快速算法计算圆谐–傅里叶矩和重建图像所用时间只有直接算法所时间的 15%~20%. 因此基于基函数对称和反对称性的快速算法对圆谐–傅里叶矩是合理有效的.

4.2.4.4 实验结果

表 4.1~ 表 4.3 中的数据表明两种算法所计算的矩基本相同. 图 4.13、图 4.14、图 4.16 和图 4.17 表明计算同一个图像的各种正交多畸变不变矩时, 快速算法所用的时间是直接算法的四分之一到六分之一, 利用相同数目的矩重构图像时, 快速算法所用的时间是直接算法的三分之一到五分之一. 所以基于基函数的对称反对称性的快速算法是获取多畸变不变图像特征的合理而有效的算法.

4.2.5 小结

本小节首先根据复指数矩基函数的定义, 给出了基函数图形、分析了基函数的性质, 研究了基函数在定义域内的对称性和反对称性, 基于此, 给出了计算复指数矩及重构图像的快速算法和仿真实验. 根据雅可比–傅里叶矩和圆谐–傅里叶矩基函数的对称性和反对称性, 给出了计算这两种矩快速算法的理论和仿真实验. 与直接算法相比, 快速算法的精度与直接算法基本相同, 快速算法计算矩的时间为直接算法的四分之一到六分之一, 重构图像的时间为三分之一到五分之一, 仿真结果说明基于基函数对称反对称性质的快速算法对于雅可比–傅里叶矩和圆谐–傅里叶矩也是合理有效的.

4.3 二维快速傅里叶变换快速算法计算复指数矩

在实际问题中, 快速计算二维离散傅里叶变换非常重要.

设有限序列 $X(n_1, n_2)$, 它在 (N_1, N_2) 点的二维离散傅里叶变换为

$$X(k_1, k_2) = \sum_{n_1=0}^{N_1-1} \sum_{n_2=0}^{N_2-1} x(n_1, n_2) \mathrm{e}^{-\mathrm{j}\frac{2\pi}{N_1}n_1 k_1} \mathrm{e}^{-\mathrm{j}\frac{2\pi}{N_2}n_2 k_2} \tag{4.41}$$

直接应用公式 (4.42) 计算 (N_1, N_2) 点的离散傅里叶变换, 复数乘法为 $N_1^2 N_2^2$ 次, 复数加法为 $N_1^2 N_2^2$ 次. 在计算中, 可以将式 (4.41) 写为

$$X(k_1, k_2) = \sum_{n_1=0}^{N_1-1} \left[\sum_{n_2=0}^{N_2-1} x(n_1, n_2) \mathrm{e}^{-\mathrm{j}\frac{2\pi}{N_2}n_2 k_2} \right] \mathrm{e}^{-\mathrm{j}\frac{2\pi}{N_1}n_1 k_1} \tag{4.42}$$

直接的行列分解算法是先对 x 的每一列进行一维离散傅里叶变换, 构成一个矩阵 f, 所需要的计算量为 $N_1 N_2^2$, 对 f 的每一行进行一维离散傅里叶变换构成矩阵 X, 所需要的计算量为 $N_2 N_1^2$. 则利用直接的行列分解算法的总的复数乘法运算量和加法运算量都为 $N_1 N_2^2 + N_2 N_1^2$.

如果在行列分解算法中不是进行一维离散傅里叶变换, 而是进行一维快速傅里叶变换, 运算量会进一步减少. 如果对 x 的每一列进行 Cooley-Tukey(库利–塔基) 算法的一维快速傅里叶变换, 构成一个矩阵 f, 复数乘法的运算量为 $N_1 \dfrac{N_2}{2} \log_2 N_2$, 复数加法的运算量为 $N_1 N_2 \log_2 N_2$, 对 f 的每一行进行 Cooley-Tukey 算法的一维快速傅里叶变换, 构成矩阵 X, 所需要的复数乘法的运算量为 $N_2 \dfrac{N_1}{2} \log_2 N_1$, 复数加法的运算量为 $N_1 N_2 \log_2 N_1$. 所以基于快速傅里叶变换的二维离散快速傅里叶变换的总的乘法运算量为 $\dfrac{N_1 N_2}{2} \log_2(N_1 N_2)$, 总的加法运算量为 $N_1 N_2 \log_2(N_1 N_2)$.

计算 (N_1, N_2) 点的离散傅里叶变换, 对比直接利用公式计算和利用直接的行列分解算法、基于 Cooley-Tukey 算法的行列分解算法这三种方法的计算复杂度[6,7](表 4.4).

表 4.4　二维离散傅里叶变换的复杂度对比

算法	复数加法	复数乘法
直接的离散傅里叶变换	$N_1^2 N_2^2$	$N_1^2 N_2^2$
直接的行列分解算法	$N_1 N_2^2 + N_2 N_1^2$	$N_1 N_2^2 + N_2 N_1^2$
基于快速傅里叶变换的行列分解算法	$N_1 N_2 \log_2(N_1 N_2)$	$\dfrac{N_1 N_2}{2} \log_2(N_1 N_2)$

从表 4.4 明显看出, 二维离散傅里叶变换的快速算法可以非常有效地减少计算量, 加快计算速度. 这对实际问题的处理会产生非常重要的影响. 上边的两种算

法是常见的二维快速傅里叶变换的算法, 也有一些其他的关于二维离散傅里叶变换的快速算法, 这些算法能更有效地减少计算量. 对于具有 (4.42) 形式的数学算式, 都可以利用二维离散快速傅里叶变换的算法来计算, 可以非常有效地减少计算量.

4.3.1 利用传统算法计算复指数矩

图像复指数矩是定义在极坐标下的积分表达式. 对一个 $N \times N$ 数字图像 $f(i,j)$, 利用传统的计算方法, 指数矩的计算表达式可写为

$$E_{km} = \frac{1}{2\pi N^2} \sum_{i=1}^{N} \sum_{j=1}^{N} f(i,j) A_k^*(r_{i,j}) \exp(-\mathrm{j}m\theta_{i,j}) \tag{4.43}$$

式 (4.43) 可以看作是 (N, N) 的有限序列 $f(i,j)$, 可以应用快速傅里叶变换算法计算.

4.3.2 利用二维快速傅里叶变换计算复指数矩

将基函数代入复指数矩的定义式, 极坐标下的图像函数 $f_p(r,\theta)$ 的复指数矩可以表示为

$$E_{km} = \frac{1}{4\pi} \int_0^{2\pi} \int_0^1 f_p(r,\theta) \sqrt{\frac{2}{r}} \exp(-\mathrm{j}2k\pi r) \exp(-\mathrm{j}m\theta) r \mathrm{d}r \mathrm{d}\theta \tag{4.44}$$

上式是定义在单位圆内的极坐标下的积分运算, 而数字图像函数 $f(i,j)$ 是定义在直角坐标下的, 所以计算图像 $f(i,j)$ 的指数矩首先要通过直角坐标下的 $N \times N$ 的函数 $f(i,j)$ 得到极坐标下的图像函数 $f_p(r,\theta)$. 直角坐标下的图像函数 $f(i,j)$ 实际上是一个二维的分段连续函数, 下面给出由图像函数 $f(i,j), 1 \leqslant i,j \leqslant N$ 得到极坐标下定义在单位圆内的图像函数 $f_p(r,\theta)$ 的方法.

因为 $f_p(r,\theta)$ 是定义在单位圆内的, 所以首先取单位圆内的任一点 a, 令它的极坐标为 (r,θ), 然后计算出 (r,θ) 对应的直角坐标 (x,y), 再根据 (x,y) 求出对应的像素坐标 (i,j), 则像素点 (i,j) 的图像函数值 $f(i,j)$ 就是极坐标下 a 点的函数值 $f_p(r,\theta)$. 具体的过程如下: 先将单位圆内的极坐标 (r,θ) 转化为直角坐标:

$$x = r\cos\theta; \quad y = r\sin\theta \tag{4.45}$$

其中 r 的变化范围是 $0 \leqslant r \leqslant 1$, θ 的变化范围是 $0 \leqslant \theta \leqslant 2\pi$, x, y 的变化范围是 $0 \leqslant x^2 + y^2 \leqslant 1$.

再将坐标 (x,y) 转化为像素坐标 (i,j):

$$i = -\left\lceil y \times \frac{N}{\sqrt{2}} \right\rceil + \frac{N}{2} + 1 \tag{4.46}$$

$$j = \left\lceil x \times \frac{N}{\sqrt{2}} \right\rceil + \frac{N}{2} \tag{4.47}$$

其中, $\lceil x \rceil$ 符号表示取整运算, 取不小于 x 的整数. 根据公式 (4.46)~(4.48), (i, j) 点的图像函数值 $f(i, j)$ 就是 a 点的图像函数值 $f_p(r, \theta)$:

$$f_p(r, \theta) = f\left(-\left\lceil r \times \frac{N}{\sqrt{2}} \times \sin\theta \right\rceil + \frac{N}{2} + 1, \left\lceil r \times \frac{N}{\sqrt{2}} \times \cos\theta \right\rceil + \frac{N}{2}\right) \tag{4.48}$$

把极坐标下的图像函数 $f_p(r, \theta)$ 代入公式 (4.44), 就可以得到极坐标下图像函数的复指数矩的积分表达式, 利用计算机仿真计算数字图像的复指数矩时, 首先要把积分离散为求和运算. 复指数矩的积分区域为单位圆内部, 采用变量等距离离散方法将两个变量都均匀分成 M 份, 首先将单位圆内区域沿着径向 r 平均分为 M 份, 每份都是同心的圆环, 沿半径 r 方向的间隔为 $\Delta r = \dfrac{1}{M}$, 再将每个圆环沿角向 θ 平均分为 M 份, 角向间隔 $\Delta\theta = \dfrac{2\pi}{M}$, 其中 M 为固定值, 是在仿真实验中预先设定的一个非负整数, 这样整个积分区域被分为 M^2 个小区域, 而这些小区域的面积是不完全相同的. 在每个小区域上, 任选一点计算积分函数的函数值, 我们选取每个小区域在径向和角向的起始点位置计算积分函数的函数值, 每个小区域沿径向和角向的起始点位置为

$$r_u = \frac{u}{M}, \quad u = 0, 1, \cdots, M - 1 \tag{4.49}$$

$$\theta_v = \frac{2\pi v}{M}, \quad v = 0, 1, \cdots, M - 1 \tag{4.50}$$

然后取 (r_u, θ_v) 计算离散的积分函数 $f_p(r_u, \theta_v)$, $u = 0, 1, \cdots, M - 1$, $v = 0, 1, \cdots,$ $M - 1$. 根据公式 (4.48)~(4.50), 离散的积分函数 $f_p(r_u, \theta_v)$ 的表达式为

$$f_p(r_u, \theta_v) = f\left(-\left\lceil r_u \times \frac{N}{2} \times \sin\theta_v \right\rceil + \frac{N}{2} + 1, \left\lceil r_u \times \frac{N}{2} \times \cos\theta_v \right\rceil + \frac{N}{2}\right) \tag{4.51}$$

根据上面的离散化方法, 将积分 (4.44) 化为求和形式:

$$E_{km} = \frac{1}{M^2} \sum_{u=0}^{M-1} \sum_{v=0}^{M-1} f_p(r_u, \theta_v) \sqrt{\frac{r_u}{2M}} \exp\left(-\mathrm{j}\frac{2\pi}{M}ku\right) \exp\left(-\mathrm{j}\frac{2\pi}{M}mv\right) \tag{4.52}$$

在上式中, 令

$$G_p(r_u, \theta_v) = f_p(r_u, \theta_v)\sqrt{\frac{r_u}{2M}} \tag{4.53}$$

将 (4.53) 代入 (4.52) 中, 得到

$$E_{km} = \frac{1}{M^2} \sum_{u=0}^{M-1} \sum_{v=0}^{M-1} G_p(r_u, \theta_v) \exp\left(-\mathrm{j}\frac{2\pi}{M}ku\right) \exp\left(-\mathrm{j}\frac{2\pi}{M}mv\right) \qquad (4.54)$$

利用二维快速傅里叶变换算法计算式 (4.54) 就得到图像的复指数矩.

根据以上分析, 二维快速傅里叶变换计算图像复指数矩的过程总结如下:

根据公式 (4.51), 计算极坐标下的图像函数 $f_p(r_u, \theta_v)$;

根据公式 (4.53), 得到函数 $G_p(r_u, \theta_v)$;

计算函数 $G_p(r_u, \theta_v)$ 的二维快速傅里叶变换, 其结果就是在极坐标下计算的图像函数的指数矩.

该算法在极坐标下利用二维离散傅里叶变换的方法计算极坐标下的图像 $f_p(r, \theta)$ 的 M^2 个复指数矩. 如果只需要一个复指数矩时, 则根据公式 (4.54) 经过一次循环就可以计算出某一个确定阶数的指数矩, 不需要二维快速傅里叶变换的方法.

4.3.3 快速算法与传统算法的计算复杂度比较

本小节讨论计算一个 $N \times N$ 图像函数 $f(i, j)$ 的 M^2 个复指数矩时, 直接积分算法与二维快速傅里叶变换算法的计算复杂度比较, 其中 M 是 4.3.2 节讨论过程中一个预先设定的非负整数, 令 $M = 4N$.

4.3.3.1 传统算法的计算复杂度

直接积分算法是根据公式 (4.43) 直接计算 M^2 个指数矩, 对一个 $N \times N$ 图像经过一个循环得到一个指数矩, 所以计算 M^2 个指数矩需要进行 M^2 次循环, 它的乘法运算量为 $O(M^2 N^2)$ (这里主要考虑它的乘法运算量), 根据关系式 $M = 4N$, 传统方法计算复杂度为 $O(N^4)$.

4.3.3.2 二维快速傅里叶变换算法的计算复杂度

根据公式 (4.54), 利用二维快速傅里叶变换算法计算复指数矩. 计算过程中如果采用基于 Cooley-Tukey 算法的行列分解算法计算 $N \times N$ 图像的 M^2 个矩, 需要的乘法运算量为 $O(M^2 \log_2 M)$, 根据关系式 $M = 4N$, 为 $O(N^2 \log_2 N)$.

对比以上两种算法的计算复杂度 $O(N^4)$ 和 $O(N^2 \log_2 N)$, 显然, 为获取图像的相同数目 (不为一个) 的复指数矩, 二维快速傅里叶变换算法计算量远远低于传统算法的计算量. 所以二维快速傅里叶变换算法是计算复指数矩的一种非常有效的快速算法.

4.3.4   快速算法与传统算法的仿真实验

二维快速傅里叶变换算法与积分算法的图像重建结果和重建误差比较已经在 3.6 节中正交多畸变不变矩重建图像中给出, 此处不再重复.

参 考 文 献

[1] Bhatia A B, Wolf E. On the circle polynomials of Zernike and related orthogonal sets. Math. Proc. Cambridge Philos. Soc., 1954, 50(1): 40-48.

[2] Sheng Y, Shen L. Orthogonal Fourier-Mellin moments for invariant pattern recognition. J. Opt. Soc. Am. A, 1994, 11(6): 1748-1757.

[3] Ping Z L, Wu R G, Sheng Y L. Image description with Chebyshev-Fourier moments. J. Opt. Soc. Am. A, 2002, 19(9): 1748-1754.

[4] Ren H, et al. Multidistortion-invariant image recognition with radial harmonic Fourier moments. Journal of the Optical Society of America A-Optics Image Science and Vision, 2003, 20(4): 631-637.

[5] Ping Z, et al. Generic orthogonal moments: Jacobi-Fourier moments for invariant image description. Pattern Recognition, 2007, 40(4): 1245-1254.

[6] Tamal B. Digital Signal And Image Processing. 吴镇扬, 周琳, 等译. 北京: 高等教育出版社, 2006.

[7] 蒋增荣, 曾泳泓, 余品能. 快速算法. 长沙: 国防科技大学出版社, 1993.

第 5 章 弹性形变的隐含不变量

5.1 导 论

前面几章论述的矩不变量, 其共同特点在于这些不变量的图像形变不超过线性形变的范围. 但是, 在某些实际情况下, 形变并不是线性的, 如弹性形变或局域畸变等. 想象一下, 印刷在球面上和瓶子表面上的图像 (图 5.1), 以及用 "鱼眼" 透镜相机拍照的图像 (图 5.2), 在这种情况下, 如果知道场景和照相机的参数, 就有可能至少在原理上, 精确估计形变模型, 把图像预投影在平面坐标上, 然后用标准技术进行识别. 另外一些情况下, 特别是当成像在柔性的时变表面时, 形变模型是未知的.

图 5.1　印在弯曲表面的字符的非线性变形[9]　　图 5.2　鱼眼透镜相机拍照的非线性畸变[9]

不可能找到适用于一般弹性形变的不变量. 本章仅限于多项式或近似多项式畸变, 这并不是一个严格的限制, 因为多项式在连续函数系中是紧致的. 我们将表明传统意义下的多项式畸变的矩不变量是不存在的, 原因在于任何有限的多项式畸变不能保持矩的阶不变, 并且不能形成一个群. 两个 n 度畸变的组合是 n^2 度的畸变, 多项式的反变换完全不是多项式变换. 这种非群的性质, 使任何构造不变量成为不可能. 对于 $n > 1$ 度的多项式畸变, 不变量是不存在的. 如果存在, 那么对于任意这种畸变的组合也是不变的, 这意味着任意高阶的多项式畸变, 它也是不变的.

　　为了克服以上困难, 我们扩展了不变量的概念, 引入**隐含不变量** (implicit invariant) 的概念, 作为两个独立形变的物体之间距离或相似性的测量.

　　本书前面研究的不变量都是**明晰不变量** (explicit invariant). 所谓明晰不变量 E, 是指对于任意函数 f 和任意畸变 $\mathcal{D}$ 都必须保持 $E(f) = E(\mathcal{D}(f))$. 而**隐含不变量** I 的定义是: 对于两个任意图像 f, g 和任意畸变 $\mathcal{D}$, 如果 $\mathcal{D}(f) = f$ 是 f 的畸变版本, 有 $I(f, \mathcal{D}(f)) = I(f, f) = 0$; 而 $I(f, g) > 0$, 则 g 不是 f 的畸变版本, 称不变量 I 是**隐含不变量**.

　　按照以上定义, 明晰不变量只是隐含不变量的特例. 很显然, 如果明晰不变量 E 存在, 则有

$$I(f, g) = |E(f) - E(g)|$$

与明晰不变量不同, 隐含不变量不能描述单个图像, 因为它是由一个图像对定义的, 这就是为什么它不能用于图像编码和重建. 隐含不变量是用于图像识别和匹配的, 我们把 $I(f, g)$ 作为图像 f 和图像 g 之间的距离测量, f 和 g 都是经过 $\mathcal{D}$ 畸变的. 对于数据库样板 g_i 计算 $I(f, g_i)$, 图像 f 属于 $I(f, g_i)$ 值中最小的那个 g_i.

　　要强调的是, **隐含不变量**意义更广泛, 它不局限于矩不变量, 也不局限于空间畸变, 隐含不变量是更一般的工具, 能够帮助我们解决许多明晰不变量不存在的分类问题. 这里隐含不是指隐含曲线和隐含多项式, 隐含只是指没有明确的公式来计算给定图像的不变量.

　　那么问题来了, 是否存在某种不同于矩的技术, 可以被用于多项式形变的物体识别? 已经有很多论文研究 "弹性匹配" 和 "可变形模板"[1], 这些方法在识别中很有用, 但通常都比较慢. 这些方法中的大部分, 在近似的畸变函数的参数空间进行穷尽搜索, 寻找某些相似性极值或不相似性极值. 广泛采用的方法, 是将各种近似函数的模拟插值、互相关和互信息作为相似测量. 还有一些作者采用金字塔图像算法加速搜索, 或用精巧的优化算法. 这些算法都相对较慢, 因为没有采用不变量.

　　在文献中可以找到许多非线性不变量的论文[2]. 它们限于投影畸变, 这是最简单的非线性畸变, 它们的主要目标是找到局域不变量描述子, 完成部分遮挡物体的识别[3,4]. 因为这个问题同我们要处理的问题不同, 在本章我们将不予讨论.

5.2　多项式畸变下的广义矩

　　二维矩和几何矩的基本定义已经在第 1 章中作了介绍. 为了符号的简单明了, 我们这里考虑一维图像. 如果 $p_0, p_1, \cdots, p_{n-1}$ 是定义在区域 $D \subset \mathbf{R}$ 内的多项式基函数, 那么函数 f 的广义矩 m_i:

$$m_i = \int_D f(x)p_i(x)\mathrm{d}x \tag{5.1}$$

用矩阵符号表示为

$$\boldsymbol{P}(x) = \begin{pmatrix} p_{0(x)} \\ p_1(x) \\ \vdots \\ p_{n-1}(x) \end{pmatrix} \quad \text{和} \quad \boldsymbol{m} = \begin{pmatrix} m_0 \\ m_1 \\ \vdots \\ m_{n-1} \end{pmatrix}$$

令 $r : D \to \tilde{D}$ 是区域 D 到区域 $\tilde{D}$ 的多项式畸变, 并且令 $\tilde{f} : \tilde{D} \to \mathbf{R}$ 是 f 的空间畸变版本, 即: 对于 $x \in D$ 有

$$\tilde{f}(r(x)) = f(x) \tag{5.2}$$

因为一般 $r(D) \subset \tilde{D}(\tilde{D}$ 通常是围绕着 $r(D)$ 的最小方域), 对于 $\tilde{x} \in \tilde{D} - r(D)$, 我们定义 $\tilde{f}(\tilde{x}) = 0$, 这就表示 $\tilde{f}$ 是 f 的空间畸变版本, 在 $r(D)$ 之外是背景, 值为 0.

我们来研究原图像 f 的矩 $\boldsymbol{m}$ 与畸变图像 $\tilde{f}$ 的矩 $\tilde{\boldsymbol{m}}$ 之间的关系.

$$\tilde{\boldsymbol{m}} = \int_{\tilde{D}} \tilde{f}(\tilde{x})\tilde{\boldsymbol{P}}(\tilde{x})\mathrm{d}\tilde{x}$$

其中 $\tilde{\boldsymbol{P}}(\tilde{x})$ 是定义在 $\tilde{D}$ 域内的 $\tilde{n}$ 维多项式:

$$\tilde{\boldsymbol{P}}(\tilde{x}) = \begin{pmatrix} \tilde{p}_0(\tilde{x}) \\ \tilde{p}_1(\tilde{x}) \\ \vdots \\ \tilde{p}_{\tilde{n}-1}(\tilde{x}) \end{pmatrix}$$

将 $\tilde{x} = r(x)$ 代入 $\tilde{\boldsymbol{m}}$ 的定义中, 应用组合函数积分, 得到以下结果.

定理 5.1 用 $J_r(x)$ 表示变换函数 r 的雅可比行列式, 如果

$$\tilde{\boldsymbol{P}}(r(x))|J_r(x)| = \boldsymbol{A}\boldsymbol{P}(x) \tag{5.3}$$

对于 $\tilde{n} \times n$ 的矩阵 $\boldsymbol{A}$ 则

$$\tilde{\boldsymbol{m}} = \boldsymbol{A}\boldsymbol{m} \tag{5.4}$$

这个定理的意义在于: 对于某种给定的畸变 r, 能够通过选择基函数 $\boldsymbol{P}$ 的形式表达方程 (5.3) 的左边, 从而构造出矩阵 $\boldsymbol{A}$. 对于任意多项式形变 r, 这总是可能的.

5.3　明晰不变量和隐含不变量

假设畸变函数 r 是有限的, 即 $m < \tilde{n}$, 参数 $\boldsymbol{a} = (a_0, \cdots, a_m)$, 对于 r, 传统的明晰矩不变量可以分两步得到:

(1) 从方程组 (5.4) 中剔除 $\boldsymbol{a} = (a_1, \cdots, a_m)$ 个方程, 只保留由两套广义矩决定的 $\tilde{n} - m$ 个方程. 称这套方程为简化方程组.

(2) 等价地重写这些简化方程, 得到函数 q_j:

$$q_j(\tilde{\boldsymbol{m}}) = q_j(\tilde{\boldsymbol{m}}), \quad j = 1, \cdots, \tilde{n} - m \tag{5.5}$$

那么, 图像 f 的明晰不变量就是 $E(f) = q_j(\boldsymbol{m}^{(f)})$.

以一个简单的例子说明明晰不变量的推导. 考虑一维仿射变换 $r(x) = ax + b, a > 0$, 选择标准的指数基函数 $p_j(x) = \tilde{p}_j(x) = x^j, j = 0, 1, 2, 3(n = \tilde{n} = 4)$, 此处 $J_r = a$, 有

$$\boldsymbol{A} = a \begin{pmatrix} 1 & 0 & 0 & 0 \\ b & a & 0 & 0 \\ b^2 & 2ba & a^2 & 0 \\ b^3 & 3b^2a & 3ba^2 & a^3 \end{pmatrix}$$

用矩阵 $\boldsymbol{A}$ 解式 (5.4) 的前两个方程得到

$$a = \frac{\tilde{m}_0}{m_0}, \quad b = \frac{\tilde{m}_1 m_0^2 - \check{m}_0^2 m_1}{\tilde{m}_0 m_0^2}$$

把上述结果代入剩下的两个方程, 做一些运算, 得到 (5.5) 中的两个方程, 具有以下形式:

$$q_1(m) = \frac{m_2 m_0 - m_1^2}{m_0^4}, \quad q_2(m) = \frac{m_3 m_0^3 - 3 m_2 m_1 m_0 + 2 m_1^3}{m_0^6}$$

考虑另一个例子, 对一维畸变 $r(x) = ax^2$, 有 $J_r(x) = 2ax$ (对于 $\tilde{n} = 2$, 需要 $n = 4$).

$$\boldsymbol{A} = 2a \begin{pmatrix} 0 & 1 & 0 & 0 \\ 0 & 0 & 0 & a \end{pmatrix}$$

方程组 (5.4) 第一方程给出 $a = \dfrac{\tilde{m}_0}{2m_1}$, 代入第二个方程得到 $\dfrac{\tilde{m}_1}{\tilde{m}_0^2} = \dfrac{m_3}{2m_1^2}$ 不能重写方程 (5.5) 的形式, 这表示对这种畸变, 不存在明晰不变量 (类似地, 对别的变换不能保持矩的级次, 或形成一个群).

上面的例子说明, 对某些畸变 (如 $r(x) = ax + b, a > 0$), 可以通过消除畸变参数, 获得矩不变量; 但对另外一些畸变 (如 $r(x) = ax^2$), 寻找明晰的形式 q_j 是不可能的. 所以, 引入隐含不变量克服这个缺点是必要的.

在方程组 (5.4) 中通过消除畸变函数 $r(x)$ 中的参数, 所得到的简化方程组与特定的畸变函数无关. 为了分类物体, 我们一般是比较物体与数据库中各图像的描述子的值 (明晰不变量), 也就是搜索数据库中满足方程组 (5.5) 的图像, 这等价于检测数据库图像中满足上述方程组的图像.

当不能找到满足 (5.5) 的明晰不变量时, 可以把这套方程组作为隐含不变量方程组. 更准确地说, 可以让方程组中每个方程右边等于 0, 方程组左边的模表示一个隐含不变量; 在多于一个方程的情况下, 可以按照隐含不变量向量的 l_2 规范进行分类, 也就是说, 图像属于那个满足简化方程组误差最小的图像.

我们用一维二次畸变的隐含不变量来证明上述思想.

$$r(x) = x + ax^2$$

此处 $a \in \left(0, \frac{1}{2}\right)$, 它将间隔 $D = (-1, 1)$ 映射到 $\tilde{D} = (a - 1, a + 1)$ 上. 当 $m = 1$ 时, 我们要寻找两个隐含不变量时, 需要 $\tilde{n} = 3, n = 6$, 雅可比行列式是 $J_r(x) = 1 + 2ax$, 得到

$$\boldsymbol{A} = \begin{pmatrix} 1 & 2a & 0 & 0 & 0 & 0 \\ 0 & 1 & 3a & 3a^2 & 0 & 0 \\ 0 & 0 & 1 & 4a & 5a^2 & 3a^3 \end{pmatrix}$$

现在我们必须评估畸变信号在区域 $\tilde{D}$ 上的矩, 它与未知参量 a 有关. 为了解决这个问题, 设想一个平移的指数基函数:

$$\tilde{p}_J(\tilde{x}) = p_j(\tilde{x} - a), \quad j = 0, 1, \cdots, n - 1$$

变量平移 $\tilde{x} = \hat{x} + a$ 有

$$\tilde{m}_j = \int_{-1}^{1} \tilde{f}(\tilde{x}) p_j(\tilde{x}) \mathrm{d}\tilde{x} = \int_{-1}^{1} \tilde{f}(\hat{x} + a) p_j(\hat{x}) \mathrm{d}\hat{x}$$

在域 $(-1, 1)$ 中, 它与 a 无关. 为了计算畸变图像 $\tilde{f}$ 的矩, 不必考虑位移基函数 $\tilde{\boldsymbol{P}}$. 因为 $\boldsymbol{P}$ 是标准指数函数, $\tilde{\boldsymbol{P}}$ 有上述定义, 得到以下变换矩阵:

$$\boldsymbol{A} = \begin{pmatrix} 1 & 2a & 0 & 0 & 0 & 0 \\ -a & 1 - 2a^2 & 3a & 2a^2 & 0 & 0 \\ a^2 & 2a(a^2 - 1) & 1 - 6a^2 & 4a(1 - a^2) & 5a^2 & 2a^3 \end{pmatrix}$$

另外, 假设畸变函数 $r(x)$ 在间隔 D 作自我映射, 不必作不同的基函数, 也能得到另一个解决问题的方法. 两者是等价的, 对于隐含不变量的应用没有限制. 为了更好地理解这点, 我们考虑一个实际的分类问题. 通常, 分割物体是为了对图像进行分类. 不失一般性, 假设被分割的物体定义在同一个区域, 那就意味着在区域 D 中刻画 $\tilde{D}$. 则方程组 (5.4) 中第一个方程给出:

$$a = \frac{\tilde{m}_0 - m_0}{2m_1}$$

代入后, 重写其余两个简化方程:

$$2m_1^2\left(\tilde{m}_1 - m_1\right) = m_1\left(3m_2 - \tilde{m}_0\right)\left(\tilde{m}_0 - m_0\right) + m_3\left(\tilde{m}_0 - m_0\right)^2$$

$$4m_1^3\left(\tilde{m}_2 - m_2\right) = 4m_1^2\left(2m_3 - m_1\right)\left(\tilde{m}_0 - m_0\right) + m_1\left(5m_4 + \tilde{m}_0 - m_0\right)\left(\tilde{m}_0 - m_0\right)^2$$

$$+ \left(m_5 - 2m_3\right)\left(\tilde{m}_0 - m_0\right)^3 \tag{5.6}$$

表达式 (5.6) 中参数 a 消失, 未出现在两个隐含不变量中.

在上述例子中, 对于简单畸变 r 和少量矩, 变换矩阵 $\boldsymbol{A}$ 的推导是直观的. 由于编程的复杂性和数值稳定性, 对于高级次的多项式畸变 r 和更多的矩, 这种直观的方法并不适用. 为了获得数值稳定的方法, 使用适当的多项式基函数很重要, 例如正交多项式, 不需要展开成标准的指数单项式形式. 把多项式表示成特殊结构的矩阵[5,6], 这种表示方法能够使用多项式循环计算. 为了构造矩阵 $\boldsymbol{A}$ 和实现别的细节, 也可用别的方法, 参考 [7].

5.4　作为最小化任务的隐含不变量

根据不同的 r, 从方程组 (5.4) 的 $\tilde{n}$ 个方程中消除畸变函数的 m 个参量, 以获取没有参数的简化方程, 可能需要解非线性方程, 这不是令人满意的方法, 甚至是不可能的. 在实验中, 即使对于简单的畸变 r, 也会产生参数三次方的方程, 获得简化方程组是很困难的. 即使成功, 也会产生一个非平衡方法, 要求 (5.4) 中的一些方程保持不变, 并且在生成的方程组中, 使用这些精度, 作为寻找畸变图像的匹配规则. 因此, 我们推荐另外一个推导隐含不变量的方法, 不必消除参数, 直接从方程组 (5.4) 的所有方程中计算 "均衡匹配". 对于给定的一套矩 $\boldsymbol{m}$ 和 $\tilde{\boldsymbol{m}}$, 寻找 m 个参数满足方程 (5.4), 同时也满足 l_2 规范, 则匹配误差就成为各个隐含不变量的值.

用隐含不变量方法进行识别的过程描述如下:

(1) 给定一个图像数据库 $g_j(x, y), j = 1, 2, \cdots, L$, $\tilde{f}(\tilde{x}, \tilde{y})$ 是多项式畸变 $r(x, y, \boldsymbol{a})$ 下的畸变图像, 具有 m 个未知参数 $\boldsymbol{a}$.

(2) 选择适当的域和多项式基 $\boldsymbol{P}$ 和 $\tilde{\boldsymbol{P}}$.

(3) 推导一个评价矩阵 $\boldsymbol{A}(\boldsymbol{a})$ 的程序, 这个极易出错的步骤是由符号算法程序完成的, 这个程序只在给定任务的数值计算中使用一次. 一旦任务改变了 (或者改变多项式基函数, 或者改变畸变函数 $r(x, y, \boldsymbol{a})$), 就必须重新进行这一步骤.

(4) 计算图像数据库所有图像 $g_j(x, y)$ 的矩 $\boldsymbol{m}^{(g_j)}$.

(5) 计算畸变图像 $\tilde{f}(\tilde{x}, \tilde{y})$ 的矩 $\tilde{m}^{(\tilde{f})}$.

(6) 对所有 $j = 1, \cdots, L$, 使用优化算法, 计算隐含不变量的值

$$I(\tilde{f}, g) = \min_{\boldsymbol{a}} \left\| \tilde{\boldsymbol{m}}^{(\tilde{f})} - \boldsymbol{A}(\boldsymbol{a}) \boldsymbol{m}^{(g_j)} \right\| \tag{5.7}$$

令 $M = \min_j I\left(\tilde{f}, g_j\right)$. 相对于不同分量, 应该是加权的.

(7) 被识别的图像是 g_k 应该满足 $I\left(\tilde{f}, g_k\right) = M$. 而比值

$$\gamma = \frac{I(\tilde{f}, g_l)}{I(\tilde{f}, g_k)}$$

其中 $I(\tilde{f}, g_l)$ 是次极小, 可以当作可信度测量, $1 \leqslant \gamma < \infty$, γ 值越大分类越可靠, 分类决策要求大于一定的阈值.

5.5 数 值 实 验

前面已经表明, 隐含不变量可以广泛应用于畸变图像, 包括各种多项式畸变. 我们将证明对于以下畸变的图像, 此方法的有效性.

$$\begin{pmatrix} \tilde{x} \\ \tilde{y} \end{pmatrix} = r(x, y) = \begin{pmatrix} ax + by + c(ax + by)^2 \\ -bx + ay \end{pmatrix} \tag{5.8}$$

这是比例畸变因子为 a, b 的旋转, 接着有一个在 $\tilde{x}$ 方向的平方畸变 (参数为 c). 选择这样的畸变进行实验, 是因为它与实际生活中画在或印在瓶子表面和圆锥表面的图像十分相似. 如前面讨论的, 对这种畸变, 明晰不变量是不存在的, 因为它们不能保持矩的阶次.

畸变将区域 $D = (-2, 2)^2$ 映射到区域 $\widetilde{D} = \langle -\sigma(1 - c\sigma), \sigma(1 + c\sigma) \rangle \times \langle -\sigma, \sigma \rangle$, 这里 $\sigma = 2(|a| + |b|)$, 需要限制 $|c| \leqslant \dfrac{1}{2\sigma}$, 以便实现一对一的映射.

为了解释方法的性能, 我们完成以下三组实验. 第一组实验证明, 在有噪声的情况下, 隐含不变量对于图像的旋转和平方弯曲是不变的, 而且具有鲁棒性, 这组

实验对人工畸变的图像进行. 第二组实验是检测真实畸变物体之间的相似性, 实验是在阿姆斯特丹图像数据库 (ALOI)[8] 的基础上进行的. 最后一组实验是在实验室图像的基础上进行的, 证明即使在不满足图像退化的理论假设的情况下, 隐含不变量都具有好的性能和高的识别率.

5.5.1   不变性和鲁棒性测试

为了验证提出的方法的有效性, 如图 5.3 所示, 对人为的畸变和噪声污染图像进行实验.

图 5.3   畸变并带有噪声的图像[9]

首先, 应用式 (5.8) 的畸变, 没有引入任何比例变换, 畸变是双参数的, 完全由旋转角度和平方畸变所决定. 为简单起见, 我们使用归一化参数 $q = 2\sigma c$, 在以下讨论中, 图像在 $\langle -1, 1 \rangle$ 的区域. 旋转角度在 $-40°$ 到 $40°$ 之间变化, 变化步长为 $4°$, 参数 q 的变化步长为 0.1 (图 5.3 是畸变图像). 在优化的参数空间, 按照式 (5.7) 计算原图像和畸变图像的 6 个隐含不变量. 在图 5.4(a) 中, 我们画出隐含不变量向量的标准偏差, 可以看出它是接近于 0 的常数, 不管几何畸变的程度 (由于重抽样误差, 当旋转角度接近 $\pm40°$ 时误差稍稍大一点). 说明对于旋转和平方畸变隐含不变量性能是很好的.

然后我们完成一个类似的实验. 固定旋转角度为 $30°$, 给畸变图像 $\tilde{f}$ 加高斯白噪声 (图 5.3), 对畸变图像分别加十个不同等级的噪声, 计算隐含不变量. 图 5.4(b) 表示平方畸变 q 在 ±1 范围内, 噪声信噪比从 50dB(低噪声) 到 0dB(高噪声) 情况下, 隐含不变量的变化, 同前面情况一样, 图形非常平坦, 直到信噪比为 10 时, 都看不到噪声的显著影响, 只有当噪声严重干扰信号, 使信噪比接近 0 时 (噪声变化与图像变化相等), 误差受到影响, 开始变大. 实验证明隐含不变量具有高噪声鲁棒性, 这是由于矩的鲁棒性. 矩的鲁棒性随矩的级数增加而减弱, 隐含不变量的高噪声鲁棒性也一样.

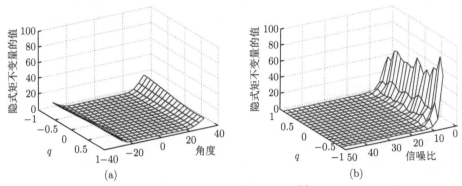

图 5.4 隐含不变量的性质[9]

(a) 隐含不变量与旋转角度和平方弯曲因子 q 的关系; (b) 隐含不变量与噪声水平 (SNR) 和平方弯曲因子 q 的

关系

5.5.2 ALOI 图像数据库图像分类实验

第二个实验测试隐含不变量的图像识别能力. 从 ALOI 图像数据库中取 100 个图像, 按照式 (5.8) 对每个图像进行扭曲变形 (图 5.5). 畸变系数随机产生, q 在 $(-1, 1)$ 范围内变化, 角度在 $\pm 40°$ 内均匀变化. 采用两种方法, 对每个畸变图像进行识别, 一种方法采用按照最小偏差产生的六个隐含不变量; 另一种方法采用仿射变换的六个不变量 $I_1, I_2, I_3, I_4, I_6, I_7$, 两种方法都用最小距离规则.

图 5.5 实验使用的数据库中的部分原始图像[9]

对于不同的参数进行实验, 得到的结果是: 应用隐含不变量识别率达到 100% 或 99%; 而仿射变换不变量只能达到 34% 到 40%. 这个结果说明两个事实: 第一, 对于假设的畸变模型, 隐含不变量是很好的识别工具; 第二, 在非线性畸变的情况下, 隐含不变量显著地优越于仿射变换不变量. 按照理论预期, 当畸变参数 q 趋近于 0 时, 非线性项可以忽略, 畸变近似于仿射变换, 仿射变换就能合理地识别物体, 在大的畸变因子 q 的情况下, 近似很粗糙, 仿射不变量自然就失败了.

当只有旋转畸变, 两种方法是等价的. 为了证明这点, 设 $q = 0$, 两种方法识别结果都是 100%, 这正是预期的.

5.5.3   瓶子上的字符识别

最后一个实验是在实际生活中发生的, 识别印在诸如球面、罐面或瓶子表面的畸变的字符或数字, 它们的变形是不知道的, 也不是多项式的, 证明隐含不变量在图像识别中的应用.

用标准数码相机 (Olympus C-5050) 拍摄贴有大写字符 M、N、E 和 K 标签的六个瓶子, 标签是按照随意的角度贴在瓶子的表面的, 如图 5.6 所示, 任务是在相同字体的英文字母表中识别这些字符. 字符在柱面上发生了畸变, 并且有旋转和轻微的透视畸变, 也必须考虑缩放畸变, 因为字符与数据库的字符大小不匹配.

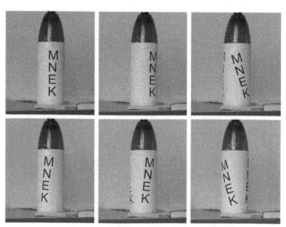

图 5.6   用于实验的六个瓶子[9]

理想情况下, 相机在无限远, 字符没有旋转, 图像畸变能够用柱面在平面上的正交投影描述, 即

$$\begin{pmatrix} \tilde{x} \\ \tilde{y} \end{pmatrix} = \begin{pmatrix} b \sin \left(\dfrac{x}{b} \right) \\ y \end{pmatrix}$$

此处 b 是瓶子的半径, x, y 是瓶子表面的坐标, $\tilde{x}, \tilde{y}$ 是图像的坐标. 现在的情况下, 物体到相机的距离是有限的, 所以小的透视效应也出现了. 虽然我们能够测量物

体到相机的距离和瓶子的半径 b, 但我们不这样做, 要进行盲实验, 不采用任何模型和参数知识来完成实验.

假设在水平方向畸变用线性多项式近似, 在垂直方向用相似变换. 在水平方向用二次多项式, 近似于柱面到平面的投影, 这就导致一个形如式 (5.8) 所示的变换. 对此, 我们已经建立了一个隐含不变量.

首先分割畸变字符并且进行二值化处理, 然后使用六个隐含不变量在未畸变的 26 个字符中进行分类, 分类相当成功, 只有畸变最大的 N 被错分为 H, 其他字符都分类正确.

为了比较, 采用另外两种方法进行实验. 首先用仿射不变量进行实验, 在多数情况下分类失败, 因为仿射不变量不是为处理非线性畸变设计的. 然后, 我们采用 Kybic 和 Unser 提出的平滑基弹性匹配方法[1], 这种方法在模片的立体 B-平滑畸变的参量空间进行搜索, 计算测试图像与模板之间的平均方差, 作为图像相似性的判据, 使用梯阶优化方法搜索误差函数的最小值. 这种方法是为受弹性畸变的医学图像识别而设计的, 结果证明是有效的[1]. 我们使用作者原创性的方法, 识别率达到 100%, 毫不奇怪, 这种方法实际上在畸变空间进行穷尽搜索.

比较两种方法的速度和可信度很重要. 两种方法的计算价值是很不同的等级. 用 Intel Pentium Core Duo T2400 处理器, 对于 26 个数据库字符分类 24 个畸变字符, 用弹性匹配方法, 超过一小时; 而使用隐含不变量, 不超过一分钟. 这种显著的区别主要是由于弹性匹配方法使用全部图像, 而隐含不变量只使用几个压缩的矩. 还可以通过矩的快速算法进一步提升隐含不变量的效率, 特别是对二值图像.

奇怪的是, 使用不同的物体表示 (即不同的数据量) 并不导致不同的可信度. 两种方法的可信度 γ 都不高但类似, 如表 5.1 所示. 有趣的是字符 M 同 N 常常有第二高的匹配度. 可以这样解释: M 的二次方畸变, 由于它的右边的斜线同左边的垂直线融合在一起, 被误判为 N.

表 5.1　4 个字符的分类可信度 (每个字符旋转 6 个方向)

隐含不变量可信度					
M	9.4	1.3	2.3	6.4	1.1	1.6
N	28.5	11.9	1.3	9.7	10.9	(MC)
E	5.8	2.2	10.4	5.5	3.3	3.0
K	12.1	10.0	2.1	5.4	6.4	2.6
弹性匹配方法可信度					
M	11.5	1.7	1.9	9.8	10.5	1.4
N	8.3	3.9	2.5	9.3	6.8	2.5
E	6.4	3.1	2.2	5.3	3.8	2.0
K	10.8	3.0	1.9	5.0	3.4	2.2

5.6 结 论

本章介绍了受到未知弹性畸变的图像识别的新方法, 是基于所谓隐含不变量的方法. 隐含不变量是图像矩 (几何矩) 的函数, 在某种确定的空间畸变情况下是不变的, 我们推导了在空间坐标的多项式畸变情况下的隐含不变量. 应该强调的是, 这种思想具有普遍的意义, 它不局限于矩不变量和空间畸变. 隐含不变量是一个普遍的工具, 能够帮助解决许多明晰不变量不存在的分类问题. 当问题中的畸变并不形成群的时候, 它们是特别有用的.

任何隐含不变量, 可以看作是由允许的畸变得到的描述因子化的两个图像之间的距离. 然而隐含不变量不必是一个严格意义上的度量. 对于本章定义的多项式畸变 r 和矩不变量, 只满足一些量度的性质. 对于任意图像 f 和 g, 我们有 $I(f, g) \geqslant 0$, 并且 $I(f, f) = I(f, \tilde{f}) = 0$. 对于所有矩的不变量, 如果 $I(f, g) = 0$, 则 $g = f$. 这个性质是由紧致函数矩的唯一性定理决定的, 并且仅在理想的无限矩的情况下才成立, 但实际上只有有限的少量矩的情况下, 是不能保证的. 因为非线性多项式对于多项式系列是不可逆的. 不变量 I 是不对称的, 即 $I(f, g) \neq I(g, f)$. 这就是为什么在实际应用中, 我们必须仔细考虑变换的方向, 构造相应的不变量. 三角不等式 $I(f, g) \leqslant I(f, h) + I(h, g)$ 也是不能保障的.

除了上面印在瓶子曲面上的图像, 还有广泛的潜在应用, 我们将面对全视角的应用 (应用这种技术我们可以直接分类物体, 而不需要把图像投影到平面上), 并且直接识别 "鱼眼" 相机拍摄的照片.

参 考 文 献

[1] Kybic J, Unser M. Fast parametric elastic image registration. IEEE Transactions on Image Processing, 127, 2003, 12(11): 1427-1442.

[2] Mundy J L, Zisserman A. Geometric Invariance in Computer Vision. Cambridge, Massachusetts: MIT Press, 1992.

[3] Weiss I. Projective invariants of shapes. Proceedings of Computer Vision and Pattern Recognition CVPR'88 (AnnArbor, Michigan), IEEE Computer Society, 1988: 1125-1134.

[4] Pizlo Z, Rosenfeld A. Recognition of planar shapes from perspective images using contour-based invariants. CVGIP: Image Understanding, 1992, 56(3): 330-350.

[5] Golub G H, Kautsky J. Calculation of Gauss quadrature swith multiplefree and fixed knots. Numerische Mathematik, 1983, 41(2): 147-63.

[6] Golub G H, Kautsky J. On the calculation of Jacobi matrices. Linear Algebra and Its Applications, 1983, 52(3): 439-455.

[7] Flusser J K, Šroubek F. Implicit moment invariants. International Journal of Computer Vision, Online June 2009, 10.1007/s11263-009-0259-4.

[8] Geusebroek J M, Burghouts G J, Smeulders A W M. The Amsterdam library of object images. International Journal of Computer Vision, 2005, 61(1), 103-112.

[9] Flusser J, Suk T, Zitová B. Moments and Moment Invariants in Pattern Recognition. New York: John Wiley & Sons , Ltd., 2009.

第 6 章　正交多畸变不变矩在图像处理中的应用

前面几章讨论了各种图像矩不变量的定义、性质、计算方法, 列举一些图像矩不变量的实际应用. 在第 3、4 章中论述了正交多畸变不变图像矩的定义、性质、计算方法, 本章将介绍一些它们的实际应用.

作为一种图像特征, 正交多畸变不变图像矩在图像处理的诸多领域都获得了广泛的应用, 许多研究者已经进行了深入的研究, 给出了大量文献, 在这一章中, 将主要列举我们研究团队所进行的一些应用研究.

如前几章所论述, 正交多畸变不变图像矩实际上可分为雅可比–傅里叶矩和复指数矩, 所以本章主要讨论雅可比–傅里叶矩和复指数矩的应用. 所讨论的识别对象, 是基础的实验内容, 如数字、英文字母、汉字、人脸、商品分类等等, 只是为了说明正交多畸变不变矩在数字图像处理中的有效性.

复指数矩不变量具有平移、缩放和旋转不变性, 以下几种图像识别, 是基于复指数矩不变量和支持向量机所进行的多畸变不变图像识别仿真. 首先, 确定各种畸变的实验图像; 其次利用第 4 章中的快速傅里叶变换算法计算实验图像的复指数矩; 然后根据复指数矩的特征, 低阶复指数矩表示图像的整体信息, 而高阶复指数矩表示图像的细节信息, 因为数字和英文字符图像比较简单, 细节信息不多, 为了利用较少的数据表示更多的图像信息, 在实验中选取较低阶的复指数矩作为图像特征. 识别方法则选取台湾大学林智仁 (Chih-Jen Lin) 博士等开发设计的一个操作简单、易于使用、快速有效的通用支持向量机[5](SVM) 的软件包——LIBSVM[1-4], 基于 MATLAB 数学软件对实验图像进行仿真识别.

6.1　十个 "数字" 图像的识别

对十个阿拉伯 "数字" 图像进行识别. 首先对 10 个 "数字" 图像分别进行旋转、缩放、加噪声和组合变换生成实验图像, 其中对每个图像进行 29 种变换, 再加上原图像共计 30 个实验图像, 所有的十个 "数字" 图像总共生成实验图像 300 个. 原 "数字" 图像为 64×64 的二值图像, 如图 6.1 所示. 下面以数字 "5" 为例, 经过各种畸变后, 加上原图像在内的共 30 个实验图像, 如图 6.2 所示. 这些畸变图像, 从左上角到最下边的图片所经过的变换分别为: 未变换、旋转 15°、旋转 30°、旋转 45°、旋转 270°、缩小为 0.5 倍、扩大为 1.25 倍、扩大为 1.5 倍、扩大为 2 倍并旋转 30°、扩大为 1.5 倍并旋转 45°、扩大为 1.5 倍并旋转 180°、缩小为 0.5 倍并旋转 180°、缩小为 0.5 倍并旋转 315°、扩大为 2 倍并旋转 210°、扩大为 2 倍并旋转 300°、加入均值为 0 方差为 0.02 的高斯噪声、加入方差为 0.02 的乘性噪声、扩大为 1.5 倍并旋转 180° 后再加入方差为 0.01 的椒盐噪声、旋转 60°、旋转 75°、旋转 90°、旋转 180°、缩小为 0.8 倍、扩大为 2 倍、扩大为 2 倍并旋转 15°、扩大为 2 倍并旋转 90°、扩大为 1.5 倍并旋转 60°、缩小为 0.5 倍并旋转 270°、加入方差为 0.02 的椒盐噪声、扩大为 2 倍并旋转 60° 后再加入方差为 0.01 的高斯噪声.

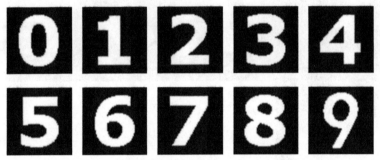

图 6.1 数字 0~9 图像 (64 × 64 二值图像)

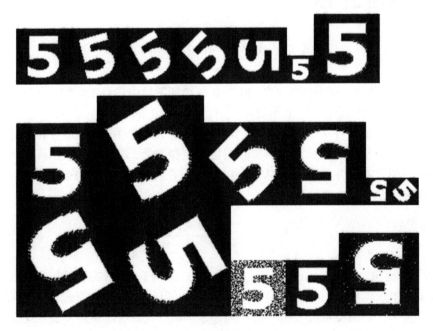

(a) 18个训练图像样本

(b) 12个训练图像样本

图 6.2　数字 "5" 的 30 个实验图像

在每个 "数字" 图像所生成的 30 个各种畸变图像中选取 18 个作为训练图像, 如图 6.2(a) 所示, 选取 12 个作为测试图像, 如图 6.2(b) 所示. 所以十个 "数字" 图像的训练集中共有 180 个图像, 测试集中共有 120 个图像. 然后在极坐标下利用二维快速傅里叶变换算法计算实验图像的复指数矩, 取复指数矩的模作为多畸变不变的图像特征并应用 LIBSVM 进行分类, 在进行分类前 LIBSVM 会对测试的数据进行归一化处理, 采用的归一化映射为

$$f : x \to y = \frac{x - x_{\min}}{x_{\max} - x_{\min}}$$

其中, $x, y \in \mathbf{R}^n$, $x_{\min} = \min(x)$, $x_{\max} = \max(x)$, 归一化后的原始数据被规范到 [0,1] 范围内, 然后对归一化后的数据进行求解, 得到分类面方程而后对输入的样本进行分类. 利用支持向量机对分类问题求解时, 重要的问题是参数惩罚因子和核函数的确定, 已经有一些关于参数选取方法的研究[7]. 在本实验中, 选径向基函数作为核函数, 惩罚因子选 1.

实验中, 选取不同数目的复指数矩作为图像特征进行了多组测试, 选取复指数矩的原则是先选低阶指数矩再选高阶复指数矩. 当选取 4 个复指数矩 (E_{00}, E_{01}, E_{10}, E_{11}) 的模作为图像特征时, 识别率为 99.17%, 选取 5~9 个指数矩 (除了 E_{00}, E_{01}, E_{10}, E_{11} 以外其余在 E_{02}, E_{03}, E_{12}, E_{13}, E_{22}, E_{23} 中选取) 的模作为图像特征进行识别时平均识别率为 99.43%, 选取 10~80 个指数矩 (除上述 9 个矩以外, 其他的在阶数低于 E_{99} 的矩中选取) 的模作为图像特征进行识别时平均识别率为 99.75%, 随着选取的复指数矩的数量增加, 识别率有轻微的提高. 但是, 当选取的复指数矩的数目超过 80 个时, 识别率开始下降, 这是由支持向量机中所谓 "过学习" 的问题所造成的.

6.2 英文字母图像识别

对 26 个英文字母进行图像识别. 每个英文字母为 64×64 的二值图像, 如图 6.3 所示. 首先对 26 个图像分别进行旋转、缩放、加噪声和组合变换, 每个字母图像所进行的 29 种缩放与旋转畸变换, 与上述模拟实验中对数字图像所进行的变换相同, 加上原图像共生成 30 个实验图像. 然后在每个字母所有的图像中选 18 个作为训练样本图像, 12 个作测试样本图像, 所有的实验图像共 780 个, 训练样本集中有 468 个, 测试样本集中有 312 个.

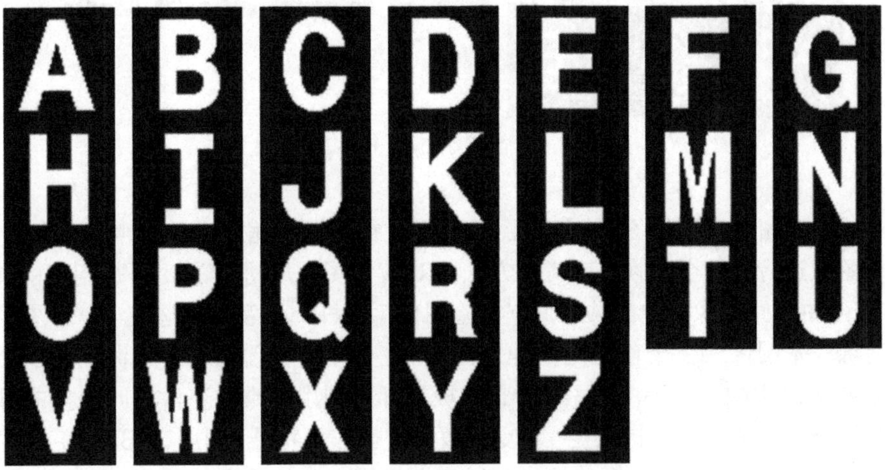

图 6.3 26 个英文字母 64×64 二值图像

在极坐标下每个图像进行二维快速傅里叶变换, 计算复指数矩, 取每个实验图像的复指数矩的模作为图像的特征, 然后选取支持向量机作为分类机器, 采用 LIBSVM 软件进行仿真识别. 复指数矩选取原则, 与上述数字图像识别中的原则相同, 首先选择低阶的复指数矩, 而后再加入高阶的复指数矩. 结果显示当复指数矩的个数为 4~9 时, 平均识别率为 99.46%, 当使用的复指数矩的个数在 10~80 之间时平均识别率为 99.78%, 使用更多数目的复指数矩, 识别率开始下降.

6.3　汉字图像识别

对我国的 31 个省份的简称汉字图像进行识别. 实验图像为 31 个 64 × 64 的二值图像, 如图 6.4 所示.

图 6.4　31 个汉字 64 × 64 二值图像

首先对图 6.4 中的 31 个汉字图像分别进行旋转、缩放、加噪声和组合变换, 每个图像进行 29 个变换, 其畸变方法同对数字图像所进行的变换是相同的 (图 6.2), 再加上原图像共计生成 30 个实验图像. 对每个汉字图像选取 18 个图像作为训练样本图像, 12 个作为测试样本图像, 在 930 个实验图像中, 训练样本集中有 558 个, 测试样本集中有 372 个. 在极坐标下利用二维快速傅里叶变换的算法计算每个实验图像的复指数矩, 取复指数矩的模作为特征, 利用 LIBSVM 软件进行仿真识别. 选取复指数矩的原则与数字图像识别中的原则相同. 实验结果显示: 当选用的复指数矩的个数为 4~9 时, 平均识别率为 99.49%, 当选用的复指数矩的个数在 10~80 之间时, 平均识别率为 99.81%, 当使用更多个数的复指数矩时, 识别率开始下降.

6.4 人脸图像识别

前面的三个模拟识别实验中, 都是以规范的数字、字母和汉字的二值图像作为测试图像, 这一节, 研究灰度图像识别实验. 选取 ORL 人脸库中的人脸图片作为灰度实验图像, 共选取 20 个人的图像. 在人脸库中, 每个人脸图像有十幅, 这些人脸图像背景光线不完全相同、人脸的表情和侧面也不相同. 图 6.5 给出 20 个人中的 2 个人的 2 组图像.

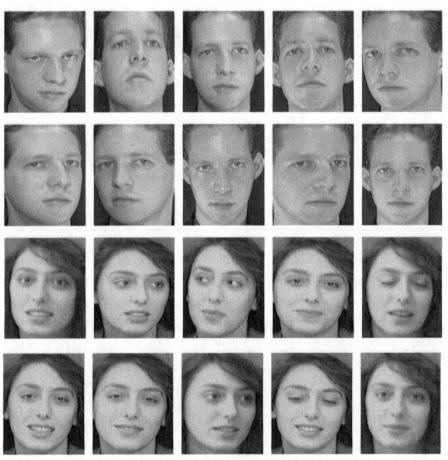

图 6.5 ORL 人脸库中的两组图像

分别对每幅人脸图像旋转 $10°$, $20°$, $30°$, 则每个人有 40 幅不同表情、不同侧面的图像, 20 人共 800 幅图像. 取每个人的 24 幅图像进行训练, 16 个图像进行测试, 则训练集总共有 480 幅图像, 测试集总共有 320 幅图像.

　　实验中先计算图像 0 阶和一阶几何矩, 找到图像的质心, 将坐标原点移到图像的质心处. 将图像由直角坐标系转换到极坐标系中, 利用二维快速傅里叶变换算法计算每个实验图片的复指数矩. 取复指数矩的模作为图像特征利用 LIBSVM 软件进行分类识别, 复指数矩的选取原则仍然同上面几个实验中遵循的原则相同, 先从最低级次的复指数矩选取, 逐步提高级次, 分别进行实验. 从实验结果可看出, 作为特征向量的复指数矩的个数会影响图像的识别率. 表 6.1 给出复指数矩的个数与识别率之间的关系. 使用 9 个低阶复指数矩作为图像特征时, 识别率为85%, 随着复指数矩个数的增加, 识别率也增加, 当使用 36 个复指数矩作为图像特征时, 识别率最高, 可以达到 92.5%. 当复指数矩的个数大于 36 时, 随着复指数矩个数的进一步增加, 识别率反而逐步降低. 这是机器学习中的 “过学习” 问题导致的.

表 6.1　作为图像特征的指数矩的个数与识别率

矩的个数	识别率/%	矩的个数	识别率/%
9	85	42	90.63
16	88.75	49	90
20	88.75	56	87.97
25	90	64	81.25
30	90.75	72	78.59
36	92.5	81	76.25

　　上述几组实验表明, 利用复指数矩的模作为图像特征, 使用支持向量机对二值图像和灰度图像进行多畸变不变的图像识别, 都能取得比较良好的结果, 其识别率都可以超过 90%. 但是, 对二值图像的识别率高于对灰度图像的识别率, 这是因为选取的二值图像为规范的数字、字母和汉字图像, 每个图像本身都是规范的, 有利于识别, 而灰度图像选择了人脸图像, 由于每个人脸图像的背景光线不全相同、人脸的表情也不相同, 所以与规范的图像相比识别率要低一些.

　　作为图像特征的复指数矩的数目与识别率有一定关系. 当所用复指数矩从低阶开始, 数目逐渐增加时, 识别率也逐渐增高, 当矩的数目到达某一个确定的值时 (二值图像约为 16 个, 灰度图像约为 36 个), 识别率达到最高. 然后, 随着复指数矩数目的增多, 识别率反而逐渐下降. 这说明图像特征空间的维数并不是越高越好, 太高了会影响它的推广能力, 即图像特征空间的维数过高反而会导致识别率下降, 这就是机器学习中的过学习问题. 对规范的数字、汉字和字母二值图像和灰度图像的仿真识别实验都显示了这个结果.

6.5 基于复指数矩的车辆追踪算法

从某一固定点观察, 车辆向远向近行驶可以视为连续的缩放变化. 利用这一规律, 将目标图像的复指数矩特征作为跟踪参数, 图像的复指数矩特征受光线和天气影响很小, 夜间也可轻松识别, 降低了传统车辆跟踪算法单纯依靠颜色概率模型作为识别特征对光线和天气的依赖性, 提高车辆追踪的识别效果和抗光线干扰能力.

6.5.1 目标检测

目标检测是车辆自动跟踪和车牌识别等工作的前提和基础. 用帧间差分和边缘检测的方法准确地定位和分割出备检车辆. 首先, 利用帧间差分法得到目标的差分图像, 对差分图像进行高斯滤波、二值化处理后, 采用 Canny 边缘检测算法得到目标的边缘轮廓信息, 再进一步提取出备检车辆, 标定目标.

帧间差分法是利用视频序列中相邻两帧图像的差分来检测视频中的运动目标. 该算法原理简单、实时性强, 对动态变化的视频序列十分有效, 能实现实时的运动检测, 用于跟踪的前期处理过程.

设 $T_a(x,y)$, $T_{a+1}(x,y)$ 表示图像序列中的第 a 帧、第 $a+1$ 帧在坐标 (x,y) 处的灰度值; $M_a(x,y)$ 表示相邻帧在坐标 (x,y) 处的灰度差值; $V_a(x,y)$ 表示二值化后的差分图像; G 表示选取的二值化阈值. 则有

$$M_a(x,y) = |T_{a+1}(x,y) - T_a(x,y)| \tag{6.1}$$

$$V_a(x,y) = \begin{cases} 1, & M_a(x,y) \geqslant G \\ 0, & M_a(x,y) < G \end{cases} \tag{6.2}$$

设置合适的二值化阈值 G 对 $M_a(x,y)$ 做二值化处理, 得到差分图像 $V_a(x,y)$, 最后对 $V_a(x,y)$ 进行形态学滤波及连通性分析, 即可提取出图像中运动目标的轮廓.

6.5.2 车辆追踪

传统车辆跟踪算法是利用目标的颜色特征实现跟踪, 因为颜色特征具有相对稳定性, 所以在简单背景和光线充足下, 传统算法有很好的跟踪效果, 即使目标被部分遮挡及目标形变问题也依然能够实现良好的跟踪效果. 然而, 在当光照不足以影响颜色辨识及相近颜色干扰等情况下, 传统算法容易产生误判, 导致跟踪失败.

图 6.6 是在北京某大学门前拍摄的一系列车辆行驶监控画面. 我们以图片中标示出的一辆黑色轿车作为研究对象, 监控画面中, 目标车辆逐渐进入被跟踪状

态 (图片中绿色标示), 当检测到目标车辆完全进入监控范围后, 保持追踪 (图片中红色标示), 一段时间后, 随着目标车辆的逐渐走远, 目标车辆逐渐脱离被跟踪状态 (图片中绿色标示), 系统反复执行车辆检测及目标跟踪, 实现对某一特定目标的追踪.

　　与传统方法不同, 不用目标颜色特征作为跟踪参数, 本章将目标车辆图像的复指数矩作为识别特征, 不断设置搜索窗口的中心与目标车辆图像质心重合, 通过对目标图像 (即相继两帧车辆图像差分) 的复指数矩模值匹配反复确认目标, 实现对目标的跟踪. 该算法的实现过程如下:

(a) 初始路况

(b) 目标逐渐出现

(c) 目标逐渐出现

(d) 目标出现

(e) 目标出现, 保持追踪

(f) 目标出现, 保持追踪

(g) 目标出现, 保持追踪　　　　　　　　(h) 目标出现, 保持追踪

(i) 目标逐渐消失　　　　　　　　(j) 目标消失

图 6.6　车辆追踪 (单个目标, 扫封底二维码可见彩图)

　　(1) 搜索窗口设置为正方形, 设置窗口的初始位置, 窗口大小要求能够完整覆盖目标;

　　(2) 计算搜索窗口的质心位置;

　　(3) 将该搜索窗的中心移至质心位置;

　　(4) 计算搜索窗口图像的复指数矩;

　　(5) 窗口图像的复指数矩模值在设定的阈值范围内, 则可确认是目标图像, 重复步骤 (2) 至步骤 (5), 保持跟踪;

　　(6) 若窗口图像的复指数矩模值与设定的阈值范围不匹配, 跟踪失败, 或者目标已经走出观测范围, 结束本次跟踪, 并选取新的目标车辆, 重新跟踪.

　　在搜索窗口内, 设 $k(x, y)$ 是点 (x, y) 处的像素值, 则有

搜索窗口的面积:

$$S = 2\sqrt{W_{00}/256} \tag{6.3}$$

零阶矩:

$$W_{00} = \sum_x \sum_y k(x, y) \tag{6.4}$$

质心位置:

$$(x_a, y_a) = \left(\frac{W_{10}}{W_{00}}, \frac{W_{01}}{W_{00}} \right) \tag{6.5}$$

一阶矩:

$$W_{10} = \sum_x \sum_y x k(x, y), \quad W_{01} = \sum_x \sum_y y k(x, y) \tag{6.6}$$

图像复指数矩:

$$E_{nm} = \frac{1}{4\pi} \iint_{x^2 + y^2 \leqslant 1} k(x, y) A_k^*(r_{xy}) \exp(-\mathrm{j}m\theta_{xy}) \mathrm{d}x \mathrm{d}y \tag{6.7}$$

重复上述步骤 (1) 至步骤 (6), 可实现对某一直行车道中车辆的跟踪, 并且由于采用复指数矩作为识别特征, 复指数矩特征对光线不敏感, 即使在夜间及光照不足的天气, 本方法依然具有良好的跟踪效果, 极大地改进了传统方法中依靠颜色模型识别的弊端.

6.5.3　多车辆追踪问题

对于多车道、多车辆并行情况, 需要在每个车道上分别设置跟踪设备, 每个跟踪设备包含 5~10 个跟踪器, 以便为每个车道上可观测范围内的每辆车分配一个跟踪器, 一对一地跟踪目标车辆.

同一车道上, 车辆不断进出更迭, 因此, 系统设置为循环模式, 即反复执行车辆检测及目标跟踪, 以便确认监控录像的中是否有新目标车辆进入, 以及老的目标车辆消失. 检测到新目标后, 转换到对新的目标车辆的跟踪状态, 并且, 及时释放在视频中消失的老的目标车辆的跟踪器. 在每个车道上重复上述步骤, 从而实现宽阔道路上多车并行跟踪.

图 6.7 是多车道、多车辆并行的监控画面, 每个车道上的每辆车都分配了一个跟踪器, 随着时间的推移, 监控画面中不断有车辆进入被跟踪状态 (图片中红色

(a) 初始路况　　　　　　　　　　　　　　(b) 后续路况

图 6.7　多车辆追踪 (扫封底二维码可见彩图)

标示), 与此同时, 不断有车辆逐渐脱离被跟踪状态 (图片中绿色标示), 系统反复执行车辆检测及目标跟踪, 实现多车道、多车辆路面上的车辆追踪.

6.5.4 比传统算法的优越性

传统的车辆跟踪算法是利用目标的颜色特征实现跟踪, 本章将目标车辆的图像复指数矩作为识别特征. 颜色特征具有相对稳定性, 在简单背景和光线充足下, 传统跟踪算法效果不错. 但是, 在光照不足及相近颜色干扰等情况下, 传统算法容易产生误判, 导致跟踪失败. 复指数矩特征对光照强度不敏感, 即使在夜间及光照不足的天气, 以复指数矩作为跟踪特征, 仍然具有良好的跟踪效果, 极大地改进了传统方法中依靠颜色模型识别的弊端.

6.6 以复指数矩为图像特征的鳞癌细胞的识别

6.6.1 引言

现有文献中已经出现了很多种细胞识别的算法和识别系统, 但这些算法和系统大都是针对特定的细胞的识别, 这主要是因为这些算法在进行图像特征的提取时, 一般是对细胞的某些特征进行测量: 如细胞的体积、细胞核的大小、核质比等等, 然后把测得的数据作为识别的特征, 这就导致针对不同的细胞就要选择不同的特征, 从而导致所设计的算法和系统无法通用化. 在这一节, 采用图像矩作为特征来进行图像识别, 试图建立通用的细胞识别算法. 因为鳞癌细胞与正常的细胞相比具有巨大的差异, 容易看出在以矩为特征进行识别时的效果, 因此本节将以鳞癌细胞作为识别的对象来建立一个通用的识别系统.

6.6.2 鳞细胞的特征

6.6.2.1 细胞的共性

细胞主要由细胞核、细胞质和细胞膜三部分组成, 虽然还有许多其他组成部分, 但对于我们的识别研究来说, 仅需关注这三部分. 图 6.8 是一个完整细胞的立体剖面图, 图中可以看到细胞的详细的结构组成.

就单个细胞而论, 细胞核主宰细胞分裂增殖, 胞质则显示细胞的生活机能, 这两种主要功能, 在癌细胞中失去平衡, 即其增殖能力特别旺盛, 而生活机能则不完全; 前者表现在胞核方面, 后者表现在胞质方面, 即核增大而胞质减少, 显示癌细胞的癌变状态.

6.6.2.2 鳞细胞的特点

早期的食管癌通常发生在位于黏膜表面的上层组织. 黏膜的上皮为复层扁平鳞状上皮, 上皮依其位置和形态而分为四层: 浅层、中层、副基底层和基底层. 正常的食管黏膜的复层鳞状上皮细胞是从基底细胞、副基底细胞到中层和浅层细胞.
它代表了食管上皮的正常新生、成熟和衰老演变的各阶段. 表层的上皮细胞不断
衰老脱落, 基底细胞则不断分裂、新生补充, 逐步向上推移, 然后逐步成熟. 细胞
的成熟过程表现为细胞质部分逐渐增宽, 细胞核逐渐变小, 至浅层时细胞核最小
并呈固缩状 (见图 6.9). 在单纯性增生时, 上皮的成熟程度基本正常. 异常增生时
上皮细胞显示出不成熟的改变, 即细胞核比正常同层细胞核大, 染色质增多. 核增
大意味着上皮细胞成熟迟缓, 是癌前增生极为重要的标志.

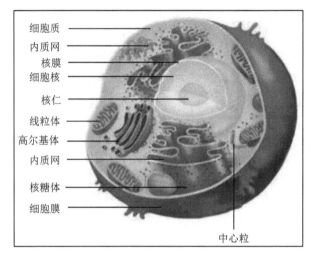

图 6.8　细胞结构示意图

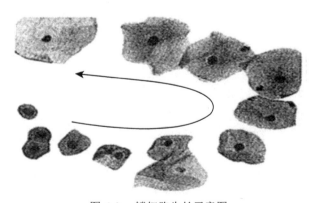

图 6.9　鳞细胞生长示意图

鳞癌细胞与正常的鳞细胞相比主要有以下几个特征:

(1) 核的结构异常是细胞学诊断的主要指标. 一般鳞癌细胞的形态特点有: 核

的体积增大、核浆比例失常、胞核占整个细胞的三分之一以上, 但整个细胞的体积一般不增大.

(2) 核染色质增多, 染色较深, 染色质分布不均匀. 正常细胞核染色质分布均一, 呈细颗粒或细网状. 而癌细胞核染色质明显增加, 集结成粗颗粒, 分布不均.

(3) 核的外形不规则. 正常上皮细胞的核为固缩状, 核的边缘整齐, 大小一致. 鳞癌细胞由于生长过度活跃, 核通常成巨核或多核. 在成片的癌细胞中, 核的形状及大小不一致, 呈现多种形态.

(4) 核膜增厚, 厚薄不一.

(5) 核失极性, 即核的长轴与细胞的长轴方向不一致.

不是每个癌细胞都具有上述全部恶变特征, 但前两项是最主要的诊断指标. 在诊断上, 胞质的改变不具重要性, 但在区别癌细胞的类型和分化程度时, 胞质的状态是必须考虑的. 图 6.10 为正常的上皮鳞细胞, 图 6.11 为单个的鳞癌细胞, 图 6.12 为成团的鳞癌细胞 (图片来自北京市积水潭医院).

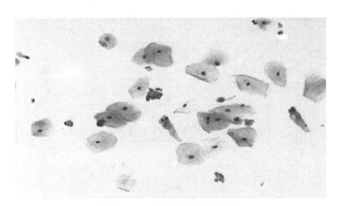

图 6.10　正常的上皮鳞细胞

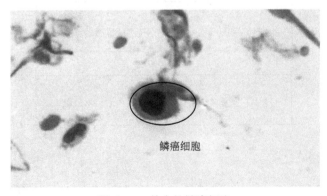

图 6.11　单个的鳞癌细胞

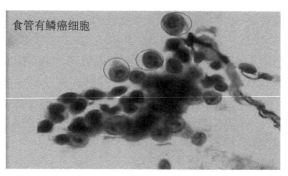

图 6.12　成团的鳞癌细胞

6.6.3 鳞癌细胞识别

在细胞的识别中主要有以下环节：图像的采集、灰度的转换、图像的分割、图像特征的提取、图像的识别等几部分. 其中图像的采集环节不是本章的研究对象, 本章的研究对象主要在于图像的分割、特征的提取和识别等环节, 如图 6.13 所示.

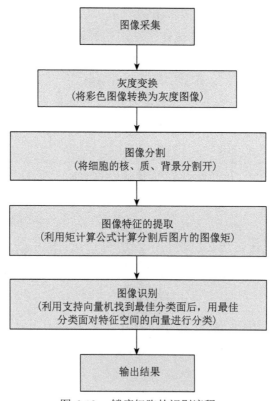

图 6.13　鳞癌细胞的识别流程

　　图 6.13 中图像的灰度变换是指将彩色图像处理成灰度图像. 我们所获取的医学细胞图像是经过染色处理过的彩色图像, 而计算机图像处理中需要其灰度图像, 因此, 首先将彩色图像转换成灰度阶为 0～255 的灰度图像.

　　图像分割环节包含两步, 第一步是将单个的细胞从多细胞图像中分割出来, 第二步是将单细胞图像的细胞核、细胞质、背景分割开. 本章的识别系统研究的是单细胞的识别, 因此, 采用手动的方式将细胞从多细胞图像中分割出来, 作为我们的识别对象. 此外, 由于不同的图像由于光照、染色等因素, 即使相同细胞的图片也会具有不同的像素值, 所以在这里要对细胞的细胞质、细胞核和背景进行分割, 并将背景、细胞核、细胞质分别置成相同的像素值以利于下一步的识别. 细胞图像中细胞的分割和识别是其中最重要、最困难的一个方面, 它对于细胞的识别结果具有重要的影响, 本章采用窦智宙[15] 在论文中提出的基于支持向量机的分割方法来分割单细胞图像. 图 6.14 为多细胞图片中分割出来的单细胞图片, 左侧是正常的鳞细胞图像, 右侧是鳞癌细胞图像.

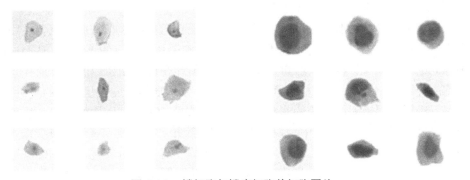

图 6.14　鳞细胞与鳞癌细胞单细胞图片

　　在进行细胞的分类前, 首先要找出一组能代表细胞性质的向量集合, 即特征提取. 在现有的文献中, 常常用细胞总面积、胞核面积、核浆比等参数, 有时这样产生的特征向量的维数可能很高, 需要进行维数的压缩, 但识别对象的不同, 维数的压缩方式也常常不一样. 而在本章的特征提取中, 采用第 3 章中所介绍的复指数矩作为单细胞图像的特征. 这是由于图像矩的计算过程可以通用化, 而且通过利用图像矩重建图像的效果来决定采用代表图像的矩的数量.

　　在对细胞的识别中, 现有的文献中有很多的分类方法, 但是不论何种分类方法, 都需要事先找到一个超平面作为分类面. 在本章所进行的细胞识别中, 采用模式识别中的线性判别法, 通过利用训练集中的样本训练支持向量机来寻找一个最优分类面, 然后用最优分类面来判别细胞图像的归属.

6.6.3.1 鳞细胞的分割

我们知道所谓图像分割是指将图像中具有特殊含义的不同区域分开来, 每一个区域都满足特定区域的一致性[16]. 只有把感兴趣的目标从复杂景物中提取出来, 才有可能进一步对各个目标进行定量分析或识别. 而且图像分割的研究多年来一直受到人们的高度重视, 至今已提出了很多种[17] 各种类型的分割算法. 其中对彩色图像的分割的研究也越来越多[18-21]. 在众多的分割算法中, 如何评价分割效果的好与坏, 即分割评价标准也成为研究中的重要内容, 文献 [22] 给出了一些分割评价技术和分类.

在本章中, 所用的鳞癌细胞图片来自积水潭医院中积累的病人的细胞图片. 由于本章主要研究的是采用矩作为特征的识别, 因此首先采用手工的方式将细胞分割为单细胞图片, 在识别前为避免光照不均造成的细胞图片之间的差异从而导致识别的错误率上升, 我们利用支持向量机[15] 的分类性能将单细胞图片的背景、细胞质、细胞核分割开.

6.6.3.2 基于支持向量机的细胞图像分割[15]

本章关于鳞癌细胞识别研究中, 在进行分析前首先把胞核与胞质从背景中分离出来. 这是为了防止由于染色不均而造成细胞图片灰度值的不均匀, 从而影响图像矩的计算结果, 导致识别的错误率上升, 因此在进行图像矩的计算前先进行细胞的分割, 使分割后的图片中背景、细胞核、细胞质的灰度值是一样的, 将因为光照、染色等因素对图像矩的影响降到最小. 本章的医学细胞图像来自于胸腔积液涂片显微图像, 分割过程中, 我们首先使用细胞核、细胞质和背景的典型像素去训练支持向量机, 这样建立起来的支持向量机模型可以成为其他待分割细胞图像的通用模型, 这样一来, 细胞图像的分割, 就转化为图像像素点的分类问题.

利用 M-SVM(多分类支持向量机) 的多分类性能, 采用一对一方法进行一次性三域分割. 为了得到最佳的效果, 在不同的训练样本下进行分割, 通过实验比较分析得到最佳分割方法. 本章分割的评价主要以实验法进行评价, 评价参数为分割精度 (segment accuracy, SA):

$$SA = \frac{CTN}{N} \times 100\% \tag{6.8}$$

其中 CTN 为支持向量机分类后正确分类的样本数, N 为待分类的总样本数. 这样在分类后可以精确地得到分类的结果与理想结果的差别.

6.6.3.3 单细胞图像分割

分割的图像为统一医学技术手段的 111 幅细胞显微图像, 图像大小为 64×64, 图像为 8 位 BMP 格式灰度图像, 设备环境为 CPU AMD 1.6G, 内存 1G, 编程环境为 MATLAB7.1.

分割的步骤如下：

(1) 通过经验与观察, 截取典型的背景、细胞质以及细胞核区域像素点作为训练集.

本章实验中截取单细胞图像中具有代表性的背景像素点 100 点, 胞质像素 100 点, 核像素点 100 点作为支持向量机的训练集.

(2) 用训练点训练构造三个二分类支持向量机模型, 然后对每幅图像的像素点进行分类. 三个支持向量机的功能如下：

在第一个支持向量机中：背景点颜色向量作为正类输入, 胞质点颜色向量作为负类输入;

在第二个支持向量机中：胞质点颜色向量作为正类输入, 核点颜色向量作为负类输入;

在第三个支持向量机中：核点颜色向量作为正类输入, 背景点颜色向量作为负类输入;

(3) 利用训练好的模型对图像的各像素点进行分类, 最终的结果采用投票方式来决定像素类别的归属, 像素点经过三个模型的分类后, 再对背景、浆、核三类进行投票, 得票最多的即是该点所属类别;

(4) 根据分类的结果, 背景、浆、核三类分别用 0, 150, 255 表示, 由此得到的图像就是三域分割后的图像.

在单细胞图片的分割中, 由于光照、染色等因素, 在一幅图像中的代表点可能就不再是其他图片中像素的代表点, 这时就可能出现分割后效果不理想的情况, 这时候需要重新选定具有代表性的点, 并重新训练构造支持向量机, 对效果不理想的图片进行分割. 图 6.15 是分割前与分割后的部分单细胞图片.

图 6.15 左侧为分割前的图片, 右侧为分割后的图片

6.6.3.4 鳞癌细胞的特征提取

特征的提取就是要找到一组尽可能小的能代表图像的数据集合. 由于对图像

的识别实际上是对代表图像的数据集合中数据的判别, 所谓对图像特征的提取, 就是将细胞的特征转化为数据集合中的数据, 代表一幅图像的数据集合中的所有数据就构成了一个特征向量, 每个特征向量对应于空间中的一个点, 而同类细胞的特征向量应该位于空间中的相同区域. 所以对图像的识别实际上是对向量归属哪一个空间区域的划分问题.

在选择图像的特征时有两个基本的要求就是准确性和鲁棒性, 而且要具有缩放、平移、旋转不变性等多畸不变性. 因为在很多情况下, 图片不仅有噪声的干扰, 而且相同细胞的图片可能具有不同的尺寸、位置和旋转方向, 这就要求所选择的特征向量不能随着图像的平移、旋转、缩放而发生改变.

在对鳞癌细胞的识别中, 我们采用复指数矩作为图像的特征, 这是因为复指数矩在各种图像矩中对图像的描述性能最好, 计算速度最快. 复指数矩自身不是多畸变不变量, 但是归一化之后, 可获得平移、灰度、尺度、旋转不变性. 归一化方法如下:

在计算图像矩之前首先计算图像的重心, 对于二维的 $M \times M$ 图像 $f(x,y)$ 来说, 图像的重心可由公式得到

$$\bar{x} = \frac{m_{10}}{m_{00}} \tag{6.9}$$

$$\bar{y} = \frac{m_{01}}{m_{00}} \tag{6.10}$$

得到, 其中

$$m_{pq} = \sum_{x=0}^{M-1} \sum_{y=0}^{M-1} x^p y^q f(x,y) \tag{6.11}$$

然后进行坐标变换, 将坐标原点平移到图像的重心. 则在新坐标系中计算的所有指数-傅里叶矩都具有平移不变性.

同时, 在新坐标系中, 由于圆谐-傅里叶矩的角向函数为 $e^{jm\theta}$, 将图像旋转角度 φ 后, 所有矩 E'_{nm} 都增加相同的相位因子 $e^{jm\phi}$, 圆谐-傅里叶矩的模 $|E'_{nm}|$ 是旋转不变的, 因此在新坐标系中计算的圆谐-傅里叶矩还具有旋转不变性. 相对于旋转和平移不变性, 有两种方法可以获得缩放不变性.

第一种方法是将要识别的目标放入一个重心边缘圆中, 这个圆的圆心就是图像的重心, 也就是新坐标系的原点, 圆的半径是离原点最远的图像像素到原点的距离. 然后将这个重心边缘圆归一化为单位圆. 在这个单位圆中计算出的图像矩就具有了缩放不变性. 这种方法中需要找到重心边缘圆的半径, 具体步骤如下:

计算出图像的边界和重心 (x_c, y_c), 设 $r_{\max}^2 = 0$, 对于图像中的每一行像素, 执行如下步骤:

找到这一行中最左边和最右边的不为零的像素 x_1, x_2, 如果该行中所有的像素值都为零, 跳到下一行.

计算

$$x_i' = |x_i - x_c|, \quad i = 1, 2 \tag{6.12}$$

$$x_0 = \max[x_1', x_2'] + 0.5 \tag{6.13}$$

$$y_0 = |y - y_c| + 0.5 \tag{6.14}$$

$$r^2 = x_0^2 + y_0^2 \tag{6.15}$$

如果 $r^2 > r_{\max}^2$, 则 $r_{\max}^2 = r^2$, 继续计算下一行.

将求得的 $r_{\max}$, 作为重心边界圆的半径, 并将 $r_{\max}$ 作为缩放因子. 这时求得的图像矩就具有了缩放不变性.

第二种方法是傅里叶–梅林矩缩放法[23], 具体步骤如下:

计算训练集中每幅图像的低阶傅里叶–梅林矩 $\dfrac{M_{10}^i}{M_{00}^i}$, 然后选择确定值 $\dfrac{M_{10}}{M_{00}}$, 使之略小于 $\dfrac{M_{10}^i}{M_{00}^i}$ 的最小值, 计算每幅图像的尺度和灰度畸变因子 k_i, g_i:

$$k_i = \left(\frac{M_{10}^i}{M_{00}^i}\right) \bigg/ \left(\frac{M_{10}}{M_{00}}\right) \tag{6.16}$$

$$g_i = \left[\left(\frac{M_{10}}{M_{00}}\right) \bigg/ \left(\frac{M_{10}^i}{M_{00}^i}\right)\right]^2 \cdot \frac{M_{00}^i}{M_{00}} \tag{6.17}$$

使用公式 (6.12) 计算训练集中所有图像的复指数矩 E_{nm}^i, 它是缩放和灰度畸变不变的.

$$E_{nm}^i = \int_0^{2\pi} \int_0^{k_i} g_i f(r/k_i, \theta) Q_n(r/k_i) e^{-jm\theta} r \mathrm{d}r \mathrm{d}\theta \tag{6.18}$$

$$\Phi_{nm}^i = E_{nm}^i / g_i k_i^2 \tag{6.19}$$

其中, Φ_{nm}^i 是第 i 幅图像的不变矩.

6.6.3.5 鳞癌细胞的识别

训练集合是灰度为 0~255, 矩阵为 64×64 的 50 个分割好的单鳞癌细胞图片. 图 6.16 是训练集中的部分图片, 其中左侧的是分割好的鳞癌细胞图片, 右侧是正常的鳞细胞图片, 可以看出, 鳞癌细胞中细胞核的尺寸要比正常的鳞细胞大, 核与整个细胞的比例也要比正常的鳞细胞大得多.

图 6.16　　训练集中的部分图片

对训练集合中的 50 幅图片计算复指数矩. 提取 $n=0,1,2,3,4$, $m=0,1,2,3,4$ 的 25 个复指数矩来描述图像, 特征空间维数为 25 维. 在此特征空间中使用支持向量机进行识别[5], 具体方法如下:

(1) 将计算出的复指数矩中的前 25 阶构成 25 维的向量, 并构成训练集

$$T = \{(x_1, y_1), \cdots, (x_{50}, y_{50})\} \tag{6.20}$$

其中 $x_i \in X = \mathbf{R}^{25}$, $y_i \in Y = \{1, -1\}$, $i = 1, \cdots, 50$;

(2) 构造并求解最优化问题

$$\begin{cases} \text{maxmise} \sum_{k=1}^{50} a_k - \dfrac{1}{2} \sum_{i=1}^{50} \sum_{j=1}^{50} a_i a_j y_i y_j \langle x_i, x_j \rangle \\ \text{subject to} \sum_{i=1}^{50} a_i y_i = 0, \quad a_i \geqslant 0, i = 1, \cdots, 50 \end{cases} \tag{6.21}$$

可得最优解 $a^* = (a_1^*, \cdots, a_{25}^*)^{\mathrm{T}}$;

(3) 计算

$$w^* = \sum_{i=1}^{25} a_i^* x_i y_i \tag{6.22}$$

并选择 a^* 的一个正分量 a_j^*, 并据此计算

$$b^* = y_j - \sum_{i=1}^{25} y_i a_i^* (x_i \cdot x_j) \tag{6.23}$$

(4) 构造分划超平面

$$f(x) = \text{sgn}((w^* \cdot x) + b^*) \tag{6.24}$$

(5) 将测试集中分割好的图片代入公式计算出各个图片的矩, 组成测试集, 然后将测试集向量依次代入公式 (6.24), 进行识别.

实验表明, 对于分割后的单鳞癌细胞图片进行识别时, 正确的识别率是百分之百, 但是对于没有分割的图片进行识别时正确率只有百分之七十左右, 这是由于不同的光照和染色对图片的像素值的影响很大, 从而影响了图像矩的计算. 因此分割效果的好坏对最终识别的结果具有很重要的影响.

6.6.4 小结

本节通过对鳞细胞的分割、识别, 介绍了一种新的以复指数矩为图像特征的图像识别算法. 在这个算法中, 我们采用了基于支持向量机的细胞图像分割方法来分割细胞; 利用重心边缘圆的方法和傅里叶–梅林矩缩放法来求具有旋转、平移、缩放不变性的图像矩; 利用复指数矩作为图像识别的特征; 并利用支持向量机来寻找最优分类面来识别细胞. 在这个识别算法中, 由于利用图像矩作为图像的特征, 避免了对不同的细胞要采用不同的方法来测量图像特征的问题, 因此, 所介绍的识别算法是一个通用的算法.

6.7 基于复指数矩的图像旋转角检测

6.7.1 引言

在图像处理的许多问题中, 会涉及图像的旋转, 如人脸图像识别、车牌检测、数字图像水印的嵌入、检出、图像配准、图像的分形编码压缩等, 都需要提取平移、缩放、旋转、密度等多畸变不变的图像特征. 在有些问题中, 尤其需要检测图像或图像子块的旋转角度. 因此, 提供一种具有平移、缩放、旋转、密度等多畸变不变的图像特征, 同时又能利用这种图像特征检测图像或图像块的旋转角度, 是很有意义的.

角度直方图法是一种使用较为广泛的图像转角估算方法[24-26]. 一般分为两步, 首先计算特征点的角度值, 然后利用特征点角度值差进行直方图表决. 不同的应用采用不同的特征点. 文献 [27] 对这种算法进行了改进, 使这种算法更加快捷稳健. 分别对两个图像提取边缘, 计算边缘点梯度的幅值和方向; 对每幅图像按梯度幅值大小排序, 前 1/3 分为一组, 中间 1/3 分为一组, 作为图像的特征点, 对这两组特征点对应的方向角相减, 作角度差直方图, 直方图的峰值对应图像转角. 这种算法更适用于需要检出图像边缘的场合.

文献 [28] 采用 Hough 变换的方法检测汽车牌照的旋转角度. Hough 变换的一个重要功能是检测图像中的直线, 直接对汽车牌照的边缘图像进行 Hough 变换, 得到车牌上下边框的拟合直线及其倾斜角度. 倾斜角度就是车牌的转角. 这种方法简单快捷, 较适用于具有明显直线特征的图像.

文献 [29] 基于图像频谱对图像水印进行盲检测, 文献 [30] 应用泽尼克矩检测图像子块的旋转角度. 这两种算法都是利用图像的变换频谱, 其模值不变, 如果图像旋转了某个角度, 则旋转图像变换频谱的相位, 增加相同的角度. 这是一类应用较为普遍的方法.

图像矩是图像多畸变不变特征, 广泛应用于图像处理中, 也可以用于检测图像的旋转角度.

在图像分形编码压缩的经典算法中, 利用自然图像的局部与局部、局部与整体的相似性, 对图像进行分形编码压缩. 把图像分成值域块和定义域两种图像子块, 对每一个值域子块, 采用迭代算法, 搜索与其最相似匹配的定义域块, 编码过程非常冗长耗时, 限制了分形编码压缩的应用.

文献 [31] 提出基于复指数矩 (CEM) 的图像分形编码算法, 其算法通过比较值域块和定义域块的复指数矩模值, 确定最相似匹配的块对, 再将定义域块在 360° 中, 定义为间隔 45° 的 8 个取向, 由值域块同这 8 个取向的定义域块进行迭代匹配, 以确定值域块的取向. 这种图像分形编码算法比经典算法提高了 100 倍以上. 算法中虽然通过比较模值代替循环迭代算法确定最匹配的值域块和定义域块, 但在检测二者的相对转角时一方面采用了近似角度, 造成误差; 另一方面仍然采用迭代匹配算法来检测二者之间的转角, 增加计算时间的开支. 本章在此基础上, 直接采用复指数矩的辐角, 检测值域块和定义域块之间的相对转角, 避免迭代搜索, 大大减少了编码时间. 本算法可直接推广到整体图像旋转角度的检测, 通过对多种图像测试证明, 图像在 0° 到 360° 范围内旋转, 其误差不超过 2°.

6.7.2 基于复指数矩的图像旋转角检测

6.7.2.1 复指数矩[32]

在极坐标系中, 图像函数 $f_p(r,\theta)$, 在单位圆中, 定义其 (k,m) 阶复指数矩 E_{km} 如下:

$$E_{km}(\rho,\phi) = \frac{1}{2\pi}\int_0^{2\pi}\int_0^1 f_p(r,\theta)\sqrt{\frac{r}{2}}\exp\left[-j2\pi(kr+m\theta)\right]drd\theta$$
$$= |E_{km}(\rho)|\,e^{jm\phi} \tag{6.25}$$

上述变换的核函数是复指数函数, 在单位圆中是正交的, 因此图像的复指数矩 E_{km} 是正交完整系, 可以用复指数矩重建图像. 并且已经证明[9]复指数矩具有平移、缩放、旋转、密度多畸变不变性, 在所有正交多畸变不变图像矩中, 性能最为优越.

设 $f_p(r, \theta + \alpha)$ 是图像在平面内旋转了 α 角的图像, 则其复指数矩

$$\tilde{E}_{km}(\rho, \phi) = \frac{1}{2\pi} \int_0^{2\pi} \int_0^1 f_p(r, \theta + \alpha) \sqrt{\frac{r}{2}} \exp\left[-\mathrm{j}2\pi(kr + m\theta)\right] \mathrm{d}r\mathrm{d}\theta$$

$$= |E_{km}(\rho)| \, \mathrm{e}^{\mathrm{j}m(\phi + \alpha)} \tag{6.26}$$

比较公式 (6.22) 和 (6.23), 两个图像的复指数矩模值相同, 而相位角相差 $m\alpha$. 对于图像平移和缩放等也可以证明其模值是不变的. 从公式 (6.25)、(6.26) 可以看出, 图像复指数矩, 可以由图像的极坐标形式的傅里叶变换计算.

6.7.2.2 旋转角检测

设图像 $f_p(r, \theta)$ 的 (k, m) 阶复指数矩的相位角为 $A(k, m)$, 旋转图像 $f_p(r, \theta + \alpha)$ 的 (k, m) 阶复指数矩的相位角为 $\tilde{A}(k, m)$, 则

$$A(k, m) = \mathrm{angle}(E_{km}), \quad \tilde{A}(k, m) = \mathrm{angle}(\tilde{E}_{km})$$

代入公式 (6.25) 和 (6.26) 得

$$\alpha = \frac{\tilde{A}(k, m) - A(k, m)}{m} = \frac{\mathrm{angle}\left(\tilde{E}_{km}\right) - \mathrm{angle}(E_{km})}{m} \tag{6.27}$$

由公式 (6.27) 可知: 旋转角可由两图像角向同阶复指数矩辐角差除以角向阶数 m 求得.

基于图像复指数矩的旋转角度检测算法描述如下, 图 6.17 是旋转角算法框图.

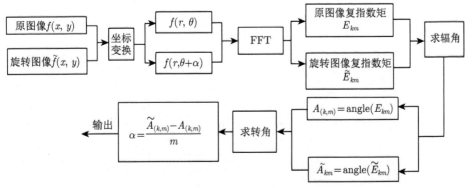

图 6.17 基于复指数矩检测图像旋转角算法框图

将原图像和旋转图像从直角坐标系转换到极坐标系中, $f(x, y) \Rightarrow f(r, \theta)$, $\tilde{f}(x, y) \Rightarrow \tilde{f}(r, \theta + \alpha)$, 其转换关系为

$$r = \left(x^2 + y^2\right)^{1/2}, \quad \theta = \arctan\left(\frac{y}{x}\right)$$

对原图像 $f_p(r,\theta)$ 和旋转图像 $f_p(r,\theta+\alpha)$ 分别进行快速傅里叶变换变换, 得到各自的复指数矩 E_{km} 和 $\tilde{E}_{km}$; 分别求复指数矩的复角 $A(k,m)=\mathrm{angle}(E_{km})$, $\tilde{A}(k,m)=\mathrm{angle}(\tilde{E}_{km})$;

角向同阶复指数矩辐角差, 除以角向复指数阶数 m 求得旋转角.

6.7.3 实验结果及分析

选取 256×256 lena 图像. 采用 MATLAB 编程语言进行实验仿真. 实验过程中, 图像在 360° 范围内, 每隔 30° 取一个旋转图像, 与原图像比较, 分别由径向第一阶, 角向 1、2、3 阶复指数计算旋转角度, 其旋转图像如图 6.18 所示, 计算所得的旋转角度如表 6.2 所示.

图 6.18 lena 图像在 360° 范围内各种旋转图像

上行从左到右旋转角度为 0°, 30°, 60°, 90°, 120°, 150°

下行从左到右旋转角度为 180°, 210°, 240°, 270°, 300°, 330°

表 6.2 lena 图像由各阶矩检测的旋转角度值

旋转角度	角向一阶 CEM$_{11}$ 检测值	角向二阶 CEM$_{12}$		角向三阶 CEM$_{13}$		
		检测值	180° 转角检测值	检测值	120° 转角检测值	240° 转角检测值
30°	27.3132	26.0832	30.1982 (210°)	28.6797	29.7419 (150°)	29.7449 (270°)
60°	58.8292	58.2913	61.2042 (240°)	−60.2559	−60.5414 (180°)	−61.3576 (300°)
90°	90.1303	−87.9165	−86.9698 (270°)	−30.4590	−30.9134 (210°)	−29.4123 (330°)
120°	118.9213	−59.3542	−62.5666 (300°)	−1.4211	0.5617 (240°)	0(360°)
150°	149.5682	−28.5027	−32.4852 (330°)	29.7419	29.7449 (270°)	28.6797 (30°)
180°	179.8013	3.5864	0(360°)	−60.5414	−61.3576 (330°)	−60.2559 (60°)
210°	209.1029	30.1982	26.0832 (30°)	−30.9134	−29.4123 (330°)	−30.4590 (90°)
240°	238.9727	61.2042	58.2913 (60°)	0.5617	0(360°)	−1.4211 (120°)
270°	269.1766	−86.9698	−87.9165 (90°)	29.7449	28.6797 (30°)	29.7419 (150°)
300°	298.1829	−62.5666	−59.3542 (120°)	−61.3576	−60.2559 (60°)	−60.5414 (180°)
330°	328.2455	−32.4852	−28.5027 (150°)	−29.4123	−30.4590 (90°)	−30.9134 (210°)

图 6.19 是 cock 图像在 360° 范围内的各种转角, 实验方法与 lena 图像相同,

实验结果显示在表 6.3 中.

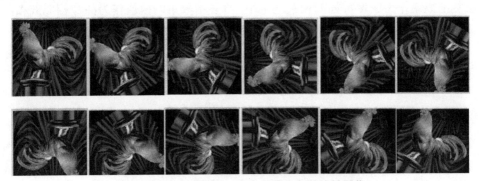

图 6.19 cock 图像在 360° 范围内各种旋转图像

上行从左到右旋转角度为 0°, 30°, 60°, 90°, 120°, 150°

下行从左到右旋转角度为 180°, 210°, 240°, 270°, 300°, 330°

表 6.3 cock 由各阶矩检测的旋转角度值

旋转角度	角向一阶 CEM_{11} 检测值	角向二阶 CEM_{12}		角向三阶 CEM_{13}		
		检测值	180° 转角检测值	检测值	120° 转角检测值	240° 转角检测值
30°	30.8907	32.3378	33.1250 (210°)	27.7857	28.1170 (150°)	29.3308 (270°)
60°	60.0598	66.2171	66.8826 (240°)	58.9124	59.5642 (180°)	56.6557 (300°)
90°	89.4341	−89.2343	−90.4208 (270°)	90.6032	87.1681 (210°)	87.6591 (330°)
120°	120.3695	−55.8904	−59.5067 (300°)	−2.7019	−2.8411 (240°)	0 (360°)
150°	149.8853	−22.5350	−24.7619 (330°)	28.1170	29.3308 (270°)	27.7857 (30°)
180°	179.4228	1.6367	0 (360°)	59.5642	56.6557 (300°)	58.9124 (60°)
210°	211.0290	33.1250	32.3378 (30°)	87.1681	87.6591 (330°)	90.6032 (90°)
240°	240.7410	66.8826	66.2171 (60°)	−2.8411	0 (360°)	−2.7019 (120°)
270°	270.0714	−90.4208	−89.2343 (90°)	29.3308	27.7857 (30°)	28.1170 (150°)
300°	301.8742	−59.5067	−55.8904 (120°)	56.6557	58.9124 (60°)	59.5642 (180°)
330°	330.9726	−24.7619	−22.5350 (150°)	87.6591	90.6032 (90°)	87.1681 (210°)
360°	360	0	1.6367 (180°)	0	−2.7019 (120°)	−2.8411 (240°)

从表 6.2、表 6.3 的旋转角检测值可以看出, 由图像角向一阶复指数矩 (CEM_{11}) 所检测的转角以 360° 为周期, 误差最小, 不超过 2°, 可以较好地用于图像旋转角度的检测. 我们对多个不同图像进行实验, 不论转角多大, 都可以进行转角检测, 其检测误差不超过 2°. 二阶角向复指数矩 (CEM_{12}) 检测角度在 360° 内, 以 180° 为周期, 重复二次; 三阶角向复指数矩 (CEM_{13}) 检测角度在 360° 内, 以 120° 为周期, 重复三次. 这与公式 (6.27) 所表达的意义是符合的.

6.7.4 小结

应用图像复指数矩的多畸变不变性, 实现了对图像旋转角的检测, 可以进行图像及图像子块的任意角度的检测, 不管旋转角度多大, 检测结果都不会超过 2°. 在以复指数矩作为图像特征的相关应用中, 将复指数矩的模值作为图像相似或相同的判据, 复指数矩的辐角作为图像旋转角的参数, 将会加速算法.

6.8　基于复指数矩的图像分形编码

6.8.1　引言

图像分形压缩编码基本算法是 Jacquin[33] 在 1992 年根据图像拼贴定理[34] 和迭代函数系理论[35] 提出的. 算法由分块、匹配、编码和解码四个步骤构成. 首先, 将图像分成大小不同的两种子块: 小块的大小为 $m \times m$, 称为值域子块 (R 块), 大块大小为 $l \times l$ 称为定义域子块 (D 块). 一般为了实现图像压缩, 要求 $l > m$, l 越大, 图像的压缩比越大. 然后对每一个值域子块 (R_j 块) 在所有定义域子块 (D_i 块) 中进行匹配搜索, 使得收缩的定义域子块 $W(D_i)$ 与值域子块 R_j 最为相似, 即 $W(D_i) = R_j$, 对这一对匹配相似的值域子块序号 j 和定义域子块序号 i 分别进行编码, 并且记录收缩变换的参数, 这样就完成了编码步骤. 解码过程从一个与原图像大小相同的随机图像开始, 按照编码过程匹配的 R_j 和 D_i 块以及记录的参数进行迭代运算, 将运算结果代替值域 R_j 块, 一般经过大约十次迭代运算, 迭代过程就会稳定下来, 意味着达到了迭代函数系的收缩因子, 得到了解码图像.

与一般的图像编码算法不同, 分形压缩编码不需要编码图像数据本身, 而是仅仅编码压缩的仿射变换系数和图像块的位置信息. 分形压缩编码具有如下一些优点:

(1) 高压缩比和好的压缩效果;

(2) 能够从任意图像开始解码, 经过迭代, 收敛到被编码的图像;

(3) 解码图像与原图像的分辨率无关.

Jacquin 提出的基本算法在编码和解码过程中, 搜索最佳匹配的值域子块 (R 块) 和定义域子块 (D 块) 对需要耗费很长的时间, 在工程应用中不是很有效的. 人们提出许多研究工作 [36,37] 以提高编码速度和解码图像质量.

搜索最佳匹配的值域子块 (R 块) 和定义域子块 (D 块) 对是非常耗费时间的. 如果采用一个多畸变不变的图像描述子来搜索匹配的图像对, 将加速匹配图像对的搜索过程, 从而加速图像编码的速度.

复指数矩 (CEM)[38,39] 是多畸变不变图像特征. 分别计算值域子块 (R 块) 和定义域子块 (D 块) 的复指数矩, 方差最小的两个子块就是最匹配的子块. 因为复指数矩的模值是平移、旋转、缩放和密度多畸变不变的, 所以图像中两个相似的子块, 不管它们大小不同, 取向不同, 在整体图像中的位置不同, 它们的复指数矩的模值是近似相同的, 它们之间的方差是最小的. 而且可以用快速傅里叶变换算法计算复指数矩[39], 进一步缩短搜索匹配时间, 提高图像分形编码的效率.

6.8.2 Jacquin 分形编码基本算法概述

Jacquin 的图像分形编码基本算法的理论基础, 基于压缩仿射变换迭代函数系理论和图像拼贴定理. 编码过程首先要寻找合适的压缩仿射变换, 使得它的极限点尽可能趋近被编码的原图像, 然后编码相应的参数作为图像的编码, 最后储存和传输这些编码.

如果与值域块 R_j 最佳匹配的定义域块是 $D_{m(i)}$, 而 W_i 是实现 $D_{m(i)} \rightarrow R_j$ 的映射变换, 则映射变换满足关系式[40]:

$$R_j = W_i \left(D_{m(i)} \right) = s_i \cdot t_k \left(\gamma_i \left(D_{m(i)} \right) \right) + o_i \tag{6.28}$$

公式 (6.28) 中, γ_i 是空间收缩变换因子, s_i 是 $D_{m(i)}$ 亮度调节因子, o_i 是 $D_{m(i)}$ 的亮度的偏离因子, t_k 是等距转换数.

Jacquin 的图像分形编码基本算法步骤如下:

(1) 将被编码图像分成值域块 (R 块) 和定义域块 (D 块) 两种图像子块, 设 R 块大小为 $B \times B (B = 2n, n = 2, 3, 4, \cdots)$, 则 D 块大小为 $2B \times 2B, 4B \times 4B$, 等等. D 块可以重叠.

(2) 完成收缩仿射变换: 用邻域平均或下抽样将定义域块 (D) 收缩为 $B \times B$ 的块与值域块 (R) 一样大小的子块. 将收缩的定义域 (D) 块完成公式 (6.29) 所示的 8 种变换, 形成定义域块集:

$$
\begin{aligned}
&D \text{ 块保持不变} \quad \lambda \begin{pmatrix} x \\ y \end{pmatrix} = \begin{pmatrix} 1 & 0 \\ 0 & 1 \end{pmatrix} \begin{pmatrix} x \\ y \end{pmatrix} + \begin{pmatrix} 0 \\ 0 \end{pmatrix} \\
&D \text{ 块旋转 } 90° \quad \lambda \begin{pmatrix} x \\ y \end{pmatrix} = \begin{pmatrix} 0 & 1 \\ -1 & 0 \end{pmatrix} \begin{pmatrix} x \\ y \end{pmatrix} + \begin{pmatrix} 0 \\ B \end{pmatrix} \\
&D \text{ 块旋转 } 180° \quad \lambda \begin{pmatrix} x \\ y \end{pmatrix} = \begin{pmatrix} -1 & 0 \\ 0 & -1 \end{pmatrix} \begin{pmatrix} x \\ y \end{pmatrix} + \begin{pmatrix} B \\ B \end{pmatrix} \\
&D \text{ 块旋转 } 270° \quad \lambda \begin{pmatrix} x \\ y \end{pmatrix} = \begin{pmatrix} 0 & -1 \\ 1 & 0 \end{pmatrix} \begin{pmatrix} x \\ y \end{pmatrix} + \begin{pmatrix} B \\ 0 \end{pmatrix} \\
&\text{水平镜像} \quad \lambda \begin{pmatrix} x \\ y \end{pmatrix} = \begin{pmatrix} -1 & 0 \\ 0 & 1 \end{pmatrix} \begin{pmatrix} x \\ y \end{pmatrix} + \begin{pmatrix} B \\ 0 \end{pmatrix} \\
&\text{主对角线镜像} \quad \lambda \begin{pmatrix} x \\ y \end{pmatrix} = \begin{pmatrix} 0 & 1 \\ 1 & 0 \end{pmatrix} \begin{pmatrix} x \\ y \end{pmatrix} + \begin{pmatrix} 0 \\ 0 \end{pmatrix}
\end{aligned} \tag{6.29}
$$

垂直镜像　$\lambda \begin{pmatrix} x \\ y \end{pmatrix} = \begin{pmatrix} 1 & 0 \\ 0 & -1 \end{pmatrix} \begin{pmatrix} x \\ y \end{pmatrix} + \begin{pmatrix} 0 \\ B \end{pmatrix}$

副对角线镜像　$\lambda \begin{pmatrix} x \\ y \end{pmatrix} = \begin{pmatrix} 0 & -1 \\ -1 & 0 \end{pmatrix} \begin{pmatrix} x \\ y \end{pmatrix} + \begin{pmatrix} B \\ B \end{pmatrix}$

(3) 按照公式 (6.30), 每一个 R 块对各个 D 块计算 s, o, 进行迭代搜索, 选 o 值最小的 D 块, 就是与 R 块最佳匹配的 D 块.

$$\begin{cases} s_i = \dfrac{\langle R - \bar{R}, D - \bar{D} \rangle}{\|D - \bar{D}\|^2} \\ o_i = \bar{R} - s_i \bar{D} \end{cases} \tag{6.30}$$

(4) 对最佳匹配的值域块 (R) 和定义域块 (D) 的位置参数 i, j, 仿射变换的序号 m, 以及亮度调节因子 s, 亮度偏离因子 o 进行编码.

6.8.3　基于复指数矩的图像分形编码

Jacquin 的压缩编码过程中, 搜索值域块 R_j 和定义域块 $D_{m(i)}$ 的最佳匹配对, 需要进行迭代运算, 非常耗费时间. 本算法基于比较这两种图像子块的复指数矩模值的均方差, 确定其是否匹配. 搜索最佳匹配图像子块由于避免了反复的迭代运算, 因此极大地减少了编码时间.

在第 3 章中给出了复指数矩的定义, 研究了复指数矩的性质, 证明复指数矩是性能最优越的多畸变不变图像矩, 在第 4 章中研究了复指数矩的三种算法. 为简洁起见, 本节不再研究有关复指数矩的性质和算法, 而直接研究基于复指数矩的图像分形编码算法. 图 6.20 是基于复指数矩的图像分形编码算法的流程图.

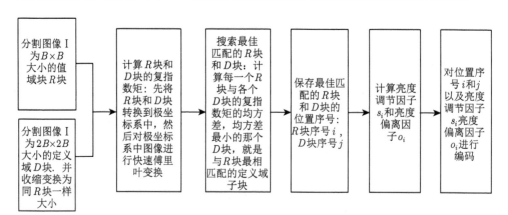

图 6.20　基于复指数矩图像分形编码流图

基于复指数矩的图像分形编码步骤如下：

(1)~(2) 与 Jacquin 算法完全一样, 把图像分割为值域块 (R 块) 和定义域块 (D 块), 并将 D 块进行收缩仿射变换, 得到定义域集.

(3) 计算 R 块和 D 块的复指数矩 (CEM), 对每一个 R 块计算与各个 D 块的 CEM 之间的均方差, 那个均方差最小的 D 块就是 R 块的最佳匹配, 记录 R 块的序号 i 和 D 块的序 j.

(4) 按照公式 (6.30) 计算最佳匹配的 D 块相对于 R 块的亮度调节因子 s_i 和亮度偏离因子 o_i.

(5) 对最佳匹配子图像块对 R_i 和 D_j 的序号 i, j 进行编码; 对最佳匹配的 D 块相对于 R 块的亮度调节因子 s_i 和亮度偏离因子 o_i 进行编码. 这样就得到基于复指数矩的图像分形编码.

与 Jacquin 基本算法的区别在于 (3) 步. Jacquin 基本算法对于每一个 R 块, 要按照亮度偏离 o_i 最小进行迭代搜索, 以获得最佳匹配的 D 块, 这个过程非常耗费时间. 而本算法只比较 R 块和 D 块的复指数矩, 模值最接近的 R 块和 D 块就是最佳匹配的图像子块.

6.8.4 基于复指数矩的图像分形编码的解码

基于复指数矩的分形编码的解码过程如下:

(1) 确定一个与被编码图像一样大小的随机图像 P, 从 P 开始进行解码. 对随机图像 P 作与编码过程相同的分割, 成为 R 块和 D 块. 确定最大迭代次数, 一般不超过 10 次, 迭代就会稳定下来, 趋于被编码的原图像.

(2) 对于每一个 R 块, 其相应的匹配 D 块按照公式 (6.28) 进行收缩仿射变换;

(3) 将由 (2) 计算所得结果代替原 R 块.

(4) 重复步骤 (2) 和步骤 (3) 直到预定的最大迭代次数 $P_w = \lim_{n\to\infty} W^n(P)$.

P_w 就是解码图像.

6.8.5 实验结果

本实验使用 Lenovo 生产的 Thinkpad E440 计算机 (产品配置为 Intel I5-420Jacquin 基本算法 0M, @2.5GHz CPU, 8G RAM, NVIDIA GeFore graphic card), 由 MATLAB-2012 编程, 对 256×256 大小的 lena 图像进行编解码, 重建图像, 以比较基于复指数矩的图像分形编码和 Jacquin 基本算法分形编码的性能. 实验中值域块 (R 块) 为 4×4, 定义域块 (D 块) 为 8×8. 图 6.21 表示两种编码解码方法所得到的重建图像.

从两种算法编解码重建图像可以看出, 基于复指数矩编解码算法迭代一次, 解码图像就几乎与原图像相同, 而 Jacquin 编解码算法至少在迭代 3 次以后才逐渐趋向原图像.

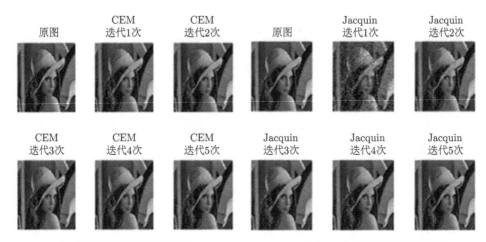

(a) CEM 编解码算法重建图像　　　　　　　(b) Jacquin 编解码算法重建图像

图 6.21　两种算法编解码重建图像比较

选择 4 种不同大小的图像, 比较两种编解码算法的性能. 四种图像的大小分别是 64×64、128×128、256×256、512×512.

1) 编解码时间

表 6.4 列出各种图像编码时间和经过 5 次迭代的解码时间, 在编码和解码过程中选择值域块 (R) 大小为 4×4, 定义域块 (D) 大小如表 6.4 所示.

表 6.4　不同大小的图像编码和 5 次迭代解码所用时间比较 (4×4 R 块)

图像大小	64×64		128×128		256×256		512×512	
	编码时间	解码时间	编码时间	解码时间	编码时间	解码时间	编码时间	解码时间
Jacquin 算法	4.004667	1.058857	58.795682	3.658640	932.161008	14.499357	14677.79008	57.911616
CEM 算法	0.733596	1.257748	1.983106	4.148702	7.182709	15.647837	33.806148	61.103692

表 6.4 数据表明, 基于 CEM 图像压缩编码的时间比 Jacquin 算法编码时间显著减少, 而且图像越大, 减少的时间越多. 而两种算法解码时间大致相当. 图 6.22 是两种算法编码不同大小图像所用时间的对数表示.

2) 峰值信噪比性能比较

峰值信噪比 (PSNR) 是评价图像质量的重要指标. 当重建图像的信噪比超过 30dB, 人眼就很难看出重建图像和原图像之间的区别. 在本实验中, 分别用 CEM 算法和 Jacquin 算法对大小不同的四种图像进行编码, 然后分别迭代 1 次到 5 次进行解码, 以重建图像, 计算重建图像的峰值信噪比, 实验结果表示在图 6.23 中. 图中横坐标表示迭代次数, 纵坐标表示峰值信噪比.

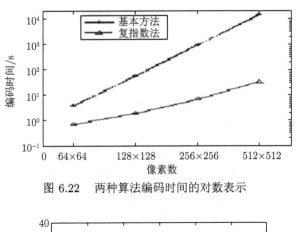

图 6.22　两种算法编码时间的对数表示

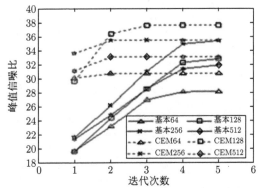

图 6.23　两种编码解码算法的重建图像的信噪比比较

图 6.23 中实线表示 Jacquin 算法的信噪比随迭代次数的变化, 虚线表示 CEM 算法信噪比随迭代次数的变化. 可以看出 CEM 算法 1 次到 5 次的迭代解码信噪比都超过了 30dB, 而 Jacquin 算法的信噪比随迭代次数的增加而增加, 只有小图像当迭代次数超过 4 次以后, 其信噪比才超过 30dB. 可见 CEM 编解码算法的峰值信噪比性能比 Jacquin 算法优越.

3) 图像子块的大小对编码质量的影响

为了研究值域块 (R) 和定义域块 (D) 的大小, 对于编码、解码时间和重建图像的信噪比的影响, 仍以 256×256 lena 图像编、解码为例加以说明. 表 6.5 列出 lena 图像用基于 CEM 分形编码和 Jacquin 分形编码基本算法, 解码次数分别为 1, 2, 3, 4, 5 次, 不同大小子块情况下的编码时间、解码时间和重建图像的信噪比.

仔细观察表 6.5, 可以得到以下结论:

(1) 不管 R 块和 D 块大小是多少, CEM 编解码算法峰值信噪比 (PSNR) 都高于 Jacquin 算法的峰值信噪比 (PSNR), 说明 CEM 算法解码图像优于 Jacquin 算法解码图像.

(2) 不管 R 块和 D 块大小是多少, CEM 算法解码只要一次迭代就能达到峰值信噪比 (PSNR)30 以上; 而 Jacquin 算法最少要 2~3 次迭代才能迭代, PSNR 才能达到 30. 说明要达到相同的解码图像质量, Jacquin 算法比 CEM 算法所需时间多.

(3) 表 6.5 中, 对于 16×16 的 R 块, 不管解码迭代几次, 其峰值信噪比 (PSNR) 都保持在 20 多一点, 说明在值域块较大的情况下, Jacquin 算法的解码图像质量不会很高.

表 6.5　不同大小的 R 块和 D 块编、解码性能比较 (对 256×256 图像)

R 块大小	D 块大小	算法	迭代 1 次 PSNR	迭代 2 次 PSNR	迭代 3 次 PSNR	迭代 4 次 PSNR	迭代 5 次 PSNR	编码时间	解码时间
4×4	8×8	CEM	33.5683	35.4445	35.4934	35.4934	35.4934	7.1827	15.6478
		基本	21.6878	26.2228	31.1157	34.9325	35.3993	932.1610	14.4994
	16×16	CEM	34.9262	36.8641	36.9292	36.9292	36.9292	4.4770	4.4585
		基本	22.9412	29.3996	33.7850	33.8920	33.8986	247.3286	5.1943
	32×32	CEM	35.9632	38.7640	38.7463	38.7461	38.7461	3.8558	1.7173
		基本	24.0396	32.3393	32.7507	32.7429	32.7426	70.5892	1.9780
	64×64	CEM	35.9968	37.2617	37.2674	37.2674	37.2674	3.6511	1.1766
		基本	24.7107	30.0729	30.0947	30.0950	30.0950	16.9962	1.1036
16×16	32×32	CEM	31.2382	33.0730	33.0727	33.0727	33.0727	4.2689	14.3536
		基本	19.7126	22.1481	23.8108	24.4942	24.6749	9.2008	18.1617
	64×64	CEM	32.9308	33.2544	33.2559	33.2559	33.2559	1.4802	3.6984
		基本	20.2496	23.0770	23.4004	23.4615	23.4599	2.3473	4.905
	128×128	CEM	29.7832	30.1433	30.1421	30.1420	30.1420	0.9200	0.9928
		基本	21.0473	21.7360	21.7751	21.7756	21.7756	0.4630	1.1025

6.8.6　小结

基于复指数矩 (CEM) 的多畸变不变性, 在搜索值域块 (R 块) 和定义域块 (D 块) 最佳匹配对中, 直接比较两种图像子块的 CEM 模值, 避免了 Jacquin 分形编码基本算法的迭代搜索过程, 因此缩短了编码时间. 实验数据表明基于 CEM 编码算法的解码图像质量要高于 Jacquin 分形编码基本算法的解码图像质量.

参 考 文 献

[1] Chang C C, Lin C J. LIBSVM : A Library For Support Vector Machines, 2001. Software available at http://www.csie.ntu.edu.tw/~cjlin/libsvm.

[2] Fan R E, Chang K W, Hsie C J. LIBLINEAR: A library for large linear classification. Journal of Machine Learning Research, 2008, 9: 1871-1874.

[3] Hsu C W, Lin C J. A Comparison of methods for multiclass support vector machines. IEEE Transactions on Neural Networks, 2002, 13(2), 415-425.

[4] Chang C C, Lin C J. Training v-Support vector classifiers: theory and algorithms, Neural Computation, 2001, 13(9): 2119-2147.

[5] Cortes C, Vapnik V. Support-vector networks, machine learning. 1995, 20(3): 273-297.

[6] 陈雅芝, 等. 信息检索. 北京: 清华大学出版社, 2006.

[7] 周明全, 耿国华, 韦娜. 基于内容图像检索技术. 北京: 清华大学出版社, 2007.

[8] 章毓晋. 图象工程: 图象理解与计算机视觉. 北京: 清华大学出版社, 2000.

[9] Wei C H, Li Y, Chau W Y, et al. Trademark image retrieval using synthetic features for describing global shape and interior structure. Pattern Recognition, 2009, 42: 386-394.

[10] Sim D G, Kim H K, Park R H. Invariant texture retrieval using modified Zernike moments. Image and Vision Computing, 2004, 22: 331-342.

[11] Li S, Lee M C, Pun C M. Complex Zernike moments features for shape-based image retrieval. Systems, Man and Cybernetics, Part A: Systems and Humans, IEEE Transactions on, 2009, 39: 227-237.

[12] Kumar V D, Tessamma T. Performance study of an improved Legendre moment descriptor as region-based shape descriptor. Pattern Recognition and Image Analysis, 2008, 18: 23-29.

[13] Xie X, Lu L, Jia M, et al. Mobile search with multimodal queries. Proceedings of the IEEE, 2008, 96: 589-601.

[14] Ferman A M, Tekalp A M, Mehrotra R. Robust color histogram descriptors for video segment retrieval and identification. Image Processing, IEEE Transactions on, 2002, 11: 497-508.

[15] 窦智宙. 利用支持向量机对癌细胞识别的研究. 呼和浩特: 内蒙古师范大学, 2008.

[16] 章毓晋. 图象工程: 图象处理. 北京: 清华大学出版社, 1999: 179-213.

[17] 章毓晋. 图象分割. 北京: 科学出版社, 2001.

[18] Garbay C. Image structure representation and processing: a discussion of some segmentation methods in cytology. IEEE Trans on Pattern Analysis and Machine Intelligence, 1986, 8(2): 140-146.

[19] Moghaddamzadeh A, Bourbakis N. A fuzzy region growing approach for segmentation of color images. Pattern Recognition, 1997, 30(6): 867-881.

[20] Fan J, David K Y. Automatic image segmentation by integrating color-edge extraction and seeded region growing. IEEE Trans on Image Processing, 2001, 10(10): 1454-1466.

[21] 曾明, 张建勋, 王湘晖, 等. 基于支持向量机的血液细胞图像分割. 光电子 · 激光, 2006, 17(4): 479-483.

[22] 章毓晋. 图象分割评价技术分类和比较. 中国图象图形学报, 1996, 1(2): 151-157.

[23] Sheng Y L, Shen L X. Orthogonal Fourier-Mellin moments for invariant pattern recognition. J. Opt. Soc. Am. A, 1994, 11(6): 1748-1757.

[24] 聂烜, 赵荣椿, 康宝生. 基于边缘几何特征的图像精准匹配方法. 计算机辅助设计与图形学学报, 2004, 16(12): 1668-1673.

[25] Lay K, Kong L. Fusion and restoration of image from their registration based on wavelet-derived gradient computation. Proceeding of SPIE, Beijing, 1998, 3561: 32.

[26] Xiong Y, Quek F. Automatic aerial image registration without correspondence. Proceeding of the Fourth IEEE International Conference on Computer Vision System, 2006.

[27] 王彦锟, 刘方. 一种快速稳健的图像旋转角度估计算法. 计算机技术与应用进展, 2007, 1041-1046.

[28] 赵娟, 管庶安, 袁慧. 基于 Hough 变换及可信度的车牌旋转角度检测. 武汉轻工大学学报, 2014, 33(2): 56-59.

[29] 伍宏涛, 朱柏承. 基于频谱特征的图像旋转角度盲检测算法. 北京邮电大学学报, 2006, 29(3): 22-26.

[30] 姜丽, 周少琼. 基于 Zernike 矩的图像区域旋转篡改检测. 计算机技术与发展, 2011, 21(5): 48-51.

[31] Yang F X, Ping Z L, Zhou S. Image Fractal Coding Algorithm based on Complex Exponent Moments and Minimum Variance. 2016 International Conference on Robotics and Machine Vision (ICRMV-2016), Moscow, Sep., 2016: 14-16.

[32] Ping Z L, Jiang Y J , Zhou S H, et al. FFT algorithm of complex exponent moments and its application in image recognition. 2014 International Conference on Digital Image Processing, April 5-6, 2014, Athens, Greece.

[33] Jacquin A E. Image coding based on a fractal theory of iterated contractive image transformation, IEEE Trans. Image Process L(1), 1992: 18-30.

[34] 熊洪允, 曾绍标. 应用数学基础. 天津: 天津大学出版社, 2004.

[35] Huchinson John E. Fractals and self-similarity. Indiana University Mathematics Journal, 1981, 35(5), 713-747.

[36] 张志远. 基于分形的多描述图像编码. 北京: 北京交通大学, 2009: 6.

[37] 杨彦从. 分形理论在视频监控图像编码与处理中的应用研究. 北京: 中国矿业大学, 2009.

[38] 姜永静. 指数矩及其在模式识别中的应用. 北京: 北京邮电大学, 2011.

[39] Ping Z L, Jiang Y J. The Computation of Complex Exponent Moments via FFT Algorithm and its Application. Faro, Portugal, 2012: 6-8.

[40] Li G P. Image Fractal Coding Expression Algorithm. Chengdu: Southwest Jiaotong University Press, 2010: 101-113.